INFINITO SPAZIO

INFINITO SPAZIO

TESTI DI

SUE BECKLAKE, STEVE PARKER

EDICART

Via Jucker, 28 - Legnano (MI) - Italia
Titolo originale: *Wild About - Space*
Traduzione dall'inglese di *Michela Guardigli*

www.edicart.it

Indice

SPAZIO

1 Lo Spazio si trova tutto intorno alla Terra, ben al di sopra dell'aria.

Sulla Terra siamo circondati dall'aria. Se ci si sposta verso l'alto – per esempio, scalando una montagna o viaggiando in aereo – l'aria si assottiglia sempre di più fino a scomparire. Lo Spazio inizia ufficialmente a un'altezza di 100 km sopra il livello del mare. È per lo più vuoto, ma ospita molte cose eccezionali, come pianeti, stelle e galassie. Le persone che viaggiano nello Spazio sono chiamate astronauti.

▶ Nello Spazio, gli astronauti indossano tute spaziali per uscire da una stazione o da un veicolo spaziale mentre gira intorno alla Terra. Pianeti, stelle e galassie si trovano molto più lontano.

La nostra stella madre

2 Il Sole è la stella più vicina a noi. La maggior parte delle stelle è così lontana da sembrare puntini di luce nel cielo, ma il Sole appare diverso, perché è molto più vicino a noi. Il Sole non è solido come la Terra. È un'enorme sfera di gas caldissimi, così caldi che brillano come le fiamme di un falò.

◀ Il gas caldo e incandescente del Sole è sempre in movimento, sale in superficie e scende di nuovo verso il basso.

3 Senza il Sole non ci sarebbe vita sulla Terra. Il nucleo produce costantemente energia che mantiene i suoi gas caldi e brillanti. Questa energia si fa strada verso la superficie dove fuoriesce sotto forma di calore e luce. Senza di essa, la Terra sarebbe fredda, buia e senza vita.

PROMINENZA

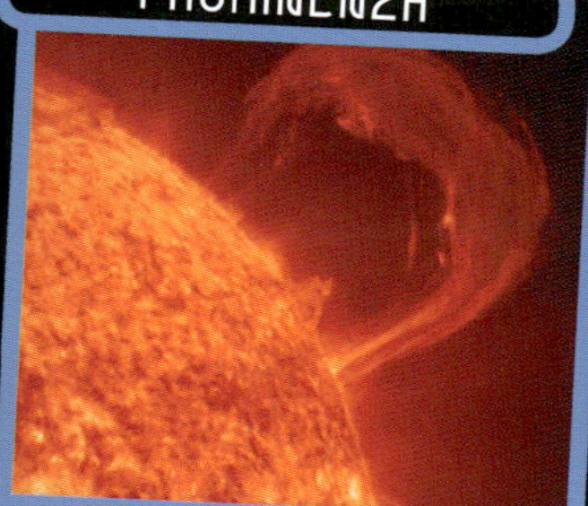

Le prominenze solari possono raggiungere temperature di 10000 °C.

ERUZIONE SOLARE

Le eruzioni solari avvengono in pochi minuti, dopodiché impiegano più di mezz'ora per spegnersi.

MACCHIA SOLARE

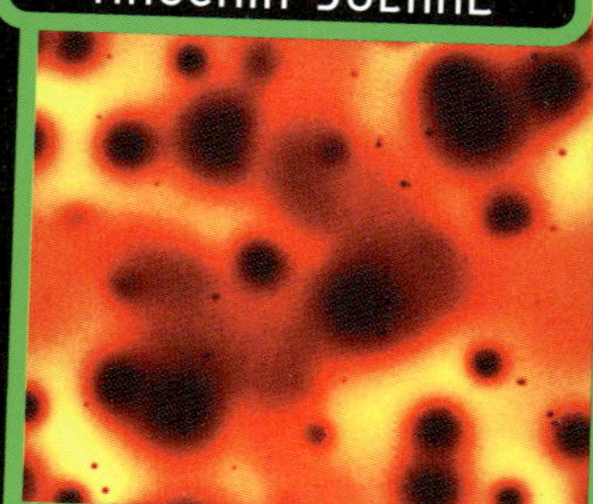

Mentre il Sole ruota, gruppi di macchie solari sembrano attraversarlo nell'arco di due settimane.

4 Il Sole è spesso a macchie.

Tra le macchie solari che appaiono in superficie, alcune sono più larghe della Terra. Sembrano scure perché sono più fredde del resto del Sole. Le eruzioni solari – esplosioni di energia – possono scatenarsi improvvisamente. Il Sole lancia nello Spazio anche enormi anelli di gas chiamati prominenze.

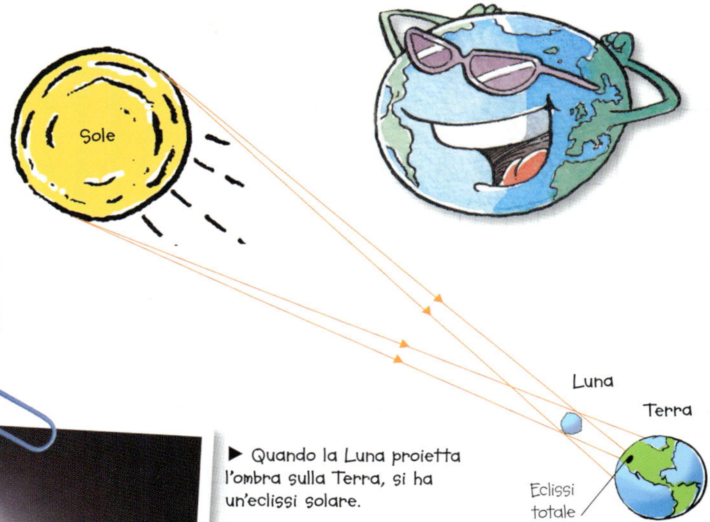

▶ Quando la Luna proietta l'ombra sulla Terra, si ha un'eclissi solare.

▲ Una foto dell'eclissi solare del 1° agosto 2008 mostra la Luna che blocca totalmente il Sole rivelando la corona solare, simile a un alone. Si tratta di una parte della sua atmosfera normalmente non visibile, a causa dell'eccessiva luminosità della superficie del Sole.

5 Quando la Luna nasconde il Sole si ha un'eclissi solare.

Ogni tanto, il Sole, la Luna e la Terra si allineano nello Spazio, con la Luna direttamente tra la Terra e il Sole. Ciò impedisce alla luce solare di raggiungere una piccola area della Terra. Questa zona diventa scura e fredda, come se la notte fosse arrivata in anticipo.

ATTENZIONE

Non guardare mai direttamente il Sole, soprattutto non attraverso un telescopio o un binocolo. È così luminoso che potrebbe farti male.

NON CI CREDO!

La superficie del Sole è quasi 60 volte più calda dell'acqua bollente. È così calda che fonderebbe qualsiasi veicolo spaziale dovesse volarle vicino.

Una famiglia di pianeti

6 **Il Sistema solare è una famiglia di pianeti che orbitano intorno al Sole.** È tenuto insieme da una forza invisibile, chiamata gravità, che attira le cose le une verso le altre. È la stessa forza che ci tiene a terra e ci impedisce di fluttuare via. La gravità del Sole attira i pianeti e li fa girare intorno a sé.

NON CI CREDO!

Se il Sole fosse grande come un pallone da spiaggia, la Terra sarebbe piccola come un pisello e la Luna una testa di spillo.

7 **La Terra è uno degli otto pianeti della famiglia del Sole.** Tutti girano intorno al Sole a distanze diverse. I quattro pianeti più vicini al Sole sono composti da roccia. Gli altri quattro sono molto più grandi e sono composti da gas e liquidi.

▼ Gli otto pianeti sono tutti diversi. Mercurio, il più vicino al Sole, è piccolo e caldo. Venere, la Terra e Marte sono rocciosi e più freddi. Giove, Saturno, Urano e Nettuno sono grandi e freddi.

8 Le lune orbitano attorno ai pianeti e girano con loro intorno al Sole. La Terra ha una sola luna. Orbita attorno alla Terra mentre la Terra gira intorno al Sole. Marte ha due piccole lune, mentre Mercurio e Venere non ne hanno nessuna. Intorno a tutti i grandi pianeti gassosi sono presenti famiglie di lune, simili a sistemi solari in miniatura.

9 Ci sono milioni di membri più piccoli nella famiglia del Sole. Alcuni sono minuscoli granelli di polvere che sfrecciano nello Spazio tra i pianeti. Altri pezzi di roccia, spesso grandi come montagne, sono chiamati asteroidi. Le comete, provenienti dai margini del Sistema solare, sfiorano il Sole prima di scomparire di nuovo.

Il pianeta della vita

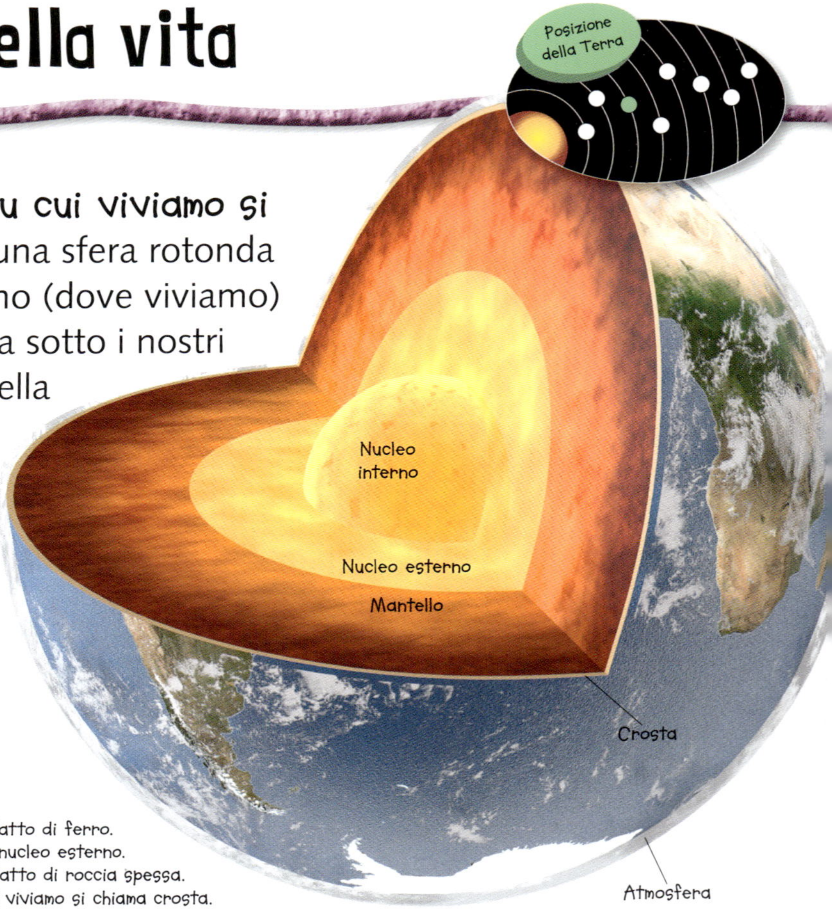

10 Il pianeta su cui viviamo si chiama Terra. È una sfera rotonda di roccia. All'esterno (dove viviamo) è dura e solida. Ma sotto i nostri piedi, all'interno della Terra, è così calda da sciogliersi. A volte si può vedere la roccia calda fuoriuscire da un vulcano in eruzione.

▶ Il nucleo interno della Terra è fatto di ferro. È molto caldo e mantiene liquido il nucleo esterno. Al di fuori di esso c'è il mantello, fatto di roccia spessa. Il sottile strato superficiale su cui viviamo si chiama crosta.

▼ Nessun altro pianeta del Sistema solare ha acqua liquida in superficie, ecco perché la Terra è l'unico pianeta noto adatto alla vita.

11 La Terra è l'unico pianeta in cui è presente la vita. Dallo Spazio, la Terra appare bianca e blu, con enormi oceani e masse umide di nuvole. È grazie all'acqua che gli animali, esseri umani compresi, e le piante possono vivere.

12 Quando il Sole ci illumina di giorno, dall'altra parte della Terra è notte.

12 Quando il Sole ci illumina di giorno, dall'altra parte della Terra è notte. Di giorno, la parte della Terra in cui ti trovi è rivolta verso il Sole, per questo c'è luce. Di notte invece, è rivolta dalla parte opposta ed è buio. I giorni e le notti si susseguono perché la Terra gira costantemente.

Mentre la Terra ruota, il confine tra il giorno e la notte si sposta gradualmente in tutto il mondo. La Terra gira verso est, quindi il Sole sorge a est e ogni parte del mondo ruota verso di esso.

NON CI CREDO!

Sulla Luna non c'è aria. Quando gli astronauti sono andati sulla Luna, hanno dovuto portare aria con sé, nei veicoli e nelle tute spaziali.

13 I crateri sulla Luna sono cicatrici di rocce spaziali che si sono schiantate sulla sua superficie. Quando una roccia si schianta sulla Luna ad alta velocità, lascia un'ammaccatura circolare, spingendo parte della roccia verso l'esterno, in un anello di montagne.

▲ Le macchie scure sono chiamate mari, ma non c'è acqua sulla Luna.

14 Cerca la Luna nelle notti limpide e osservala cambiare forma. Nel corso di un mese passa da una falce sottile a una forma rotonda. Questo perché la luce del Sole viene riflessa dalla Luna: vediamo la Luna piena quando il lato illuminato dal Sole è rivolto verso la Terra e una falce sottile quando gran parte del lato illuminato dal Sole è rivolta lontano da noi.

▲ Durante la prima metà del ciclo mensile, la Luna cresce. Durante la seconda metà, la Luna cala, ritornando alla forma di falce.

I vicini della Terra

15 Venere e Marte sono i pianeti più vicini alla Terra. Venere è più vicino al Sole della Terra, mentre Marte è più lontano. Ognuno di essi impiega un tempo diverso per girare intorno al Sole, che noi chiamiamo anno. Un anno su Venere è pari a 225 giorni, sulla Terra a 365 giorni e su Marte a 687 giorni.

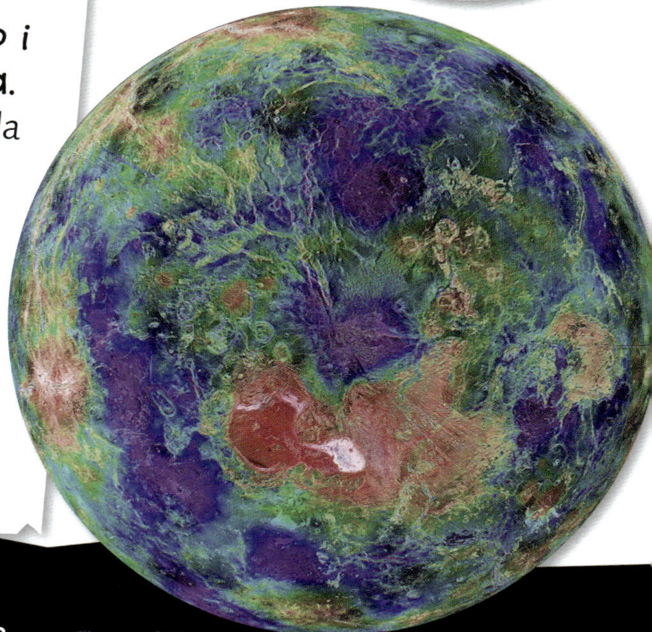

16 Venere è il pianeta più caldo, anche se Mercurio è più vicino al Sole. Il calore si accumula su Venere perché è completamente coperto da nuvole che lo intrappolano, come fanno i vetri in una serra.

▲ Dense nuvole circondano Venere, rendendolo difficile da osservare, ecco perché la sonda *Magellano* ha impiegato quattro anni a mapparne la superficie con un radar per produrre immagini come questa.

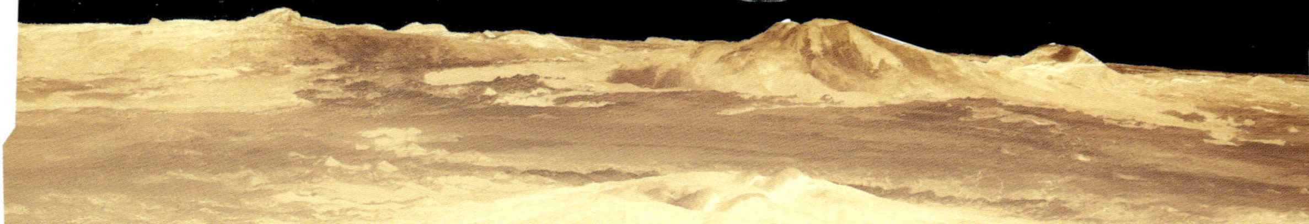

▲ Sotto le nuvole, Venere ha centinaia di vulcani, grandi e piccoli, su tutta la superficie. Non sappiamo se qualcuno di loro sia tuttora in eruzione.

17 Le nuvole intorno a Venere sono velenose, contengono gocce di acido in grado di bruciare la pelle. Non sono come le nuvole sulla Terra, composte da goccioline d'acqua. Sono spesse, e non lasciano filtrare molta luce solare sulla superficie.

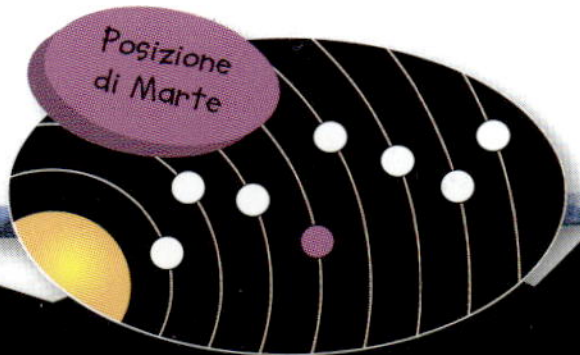

18 **I venti su Marte sollevano enormi tempeste di polvere capaci di coprire l'intero pianeta.** Marte è molto secco, come un deserto, e ricoperto di polvere rossa. Quando una sonda spaziale chiamata *Mariner 9* vi arrivò nel 1971, l'intero pianeta era nascosto da nuvole di polvere.

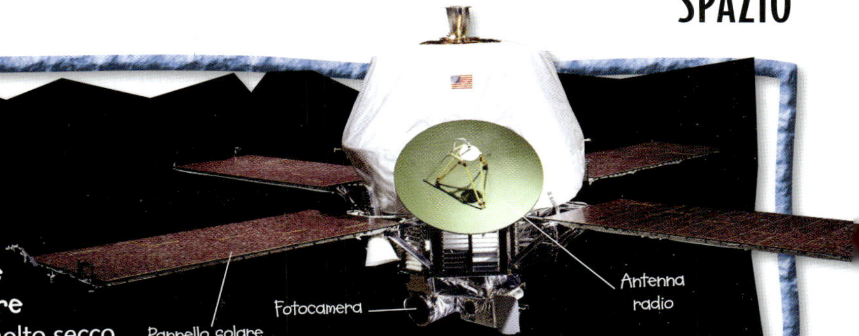

▲ La *Mariner 9* è stata la prima sonda spaziale a orbitare intorno a un altro pianeta. Da allora, più di 30 veicoli spaziali hanno raggiunto Marte e molti vi sono atterrati, compresi quattro rover.

19 **Marte vanta il più grande vulcano del Sistema solare.** Si chiama Olympus Mons ed è tre volte più alto del monte Everest, la montagna più alta della Terra. L'Olympus Mons è un vulcano vecchio, che non erutta da milioni di anni.

VITA SU MARTE

Marte è il pianeta più conosciuto dopo la Terra. È secco, roccioso e ricoperto di polvere. Fai una ricerca nei libri e su Internet per scoprirne di più. Come pensi che sarebbe viverci?

20 **Sono stati studiati modi per inviare astronauti su Marte, ma il viaggio richiederebbe almeno sei mesi.** Gli astronauti dovrebbero portare con sé tutto il necessario per il viaggio di andata e ritorno e per il soggiorno.

◀ In questa immagine di Marte il telescopio spaziale Hubble ha catturato una gigantesca tempesta di polvere. La macchia arancione chiaro al centro mostra il punto in cui i forti venti sollevano la polvere rossa secca.

Il più piccolo di tutti

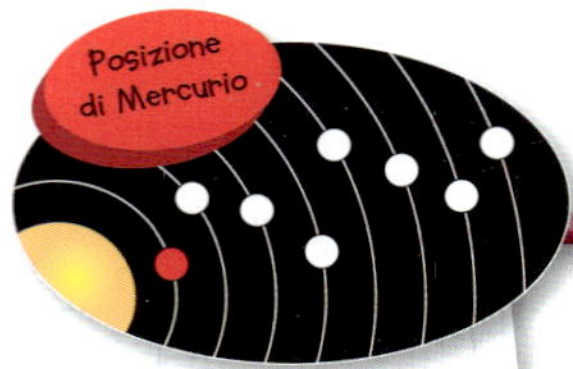

21 Mercurio assomiglia alla nostra Luna. È una sfera di roccia rotonda e piena di crateri. Anche se è un po' più grande della Luna, come la Luna non ha aria.

CREA IL TUO CRATERE

Cosa ti serve

farina • teglia da forno
una biglia o una pietra

1. Spargi circa 2 cm di farina su una teglia e distribuiscila uniformemente.
2. Fai cadere una biglia o una piccola pietra rotonda sulla farina.
3. Riesci a vedere il cratere circolare creato dalla biglia?

◀ Mercurio ha alte scogliere e lunghe dorsali, oltre a crateri. Gli astronomi pensano che si sia raffreddato e ristretto in passato, per questo la sua superficie è rugosa.

22 Il lato soleggiato di Mercurio è bollente mentre il lato notturno è gelido. Essendo il pianeta più vicino al Sole, il lato soleggiato può diventare due volte più caldo di un forno. Ma Mercurio ruota lentamente, quindi il lato notturno ha il tempo di raffreddarsi e non c'è aria a intrappolare il calore. Sul lato notturno fa oltre il doppio più freddo dell'Antartide, il luogo più freddo della Terra.

CRATERI

I numerosi crateri di Mercurio mostrano quanto spesso è stato colpito da rocce spaziali. Una era così grande che ha frantumato le rocce dall'altro lato del pianeta.

23 **Plutone, piccolo e roccioso, fu scoperto nel 1930.** All'inizio era considerato un pianeta, ma nel 2006 è stato declassato a pianeta nano. È largo meno della metà di Mercurio. Plutone è perfino più piccolo della nostra Luna.

25 **Oltre a Plutone, esistono altri quattro pianeti nani.** Si chiamano Cerere, Eris, Makemake e Haumea (in ordine dal più vicino al più lontano dal Sole).

▲ Cerere orbita tra Marte e Giove. Plutone orbita più lontano dal Sole di Nettuno, mentre Eris è ancora più lontano.

24 **Se ti trovassi sulla superficie di Plutone, il Sole non sembrerebbe molto più luminoso delle altre stelle.** Plutone è così lontano dal Sole che riceve poco calore ed è completamente ricoperto di ghiaccio.

26 La ***New Horizons*** **è stata la prima sonda spaziale a esplorare Plutone.** È partita nel 2006 e ha raggiunto il pianeta nano nel luglio 2015. Ora sta viaggiando verso la regione esterna del Sistema solare, chiamata Fascia di Kuiper.

Il più grande di tutti

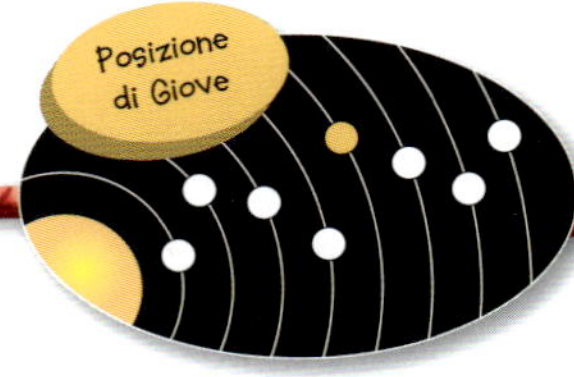

27 Giove ha una massa superiore agli altri sette pianeti del Sistema solare messi insieme.
È undici volte più largo della Terra, pur essendo molto più piccolo del Sole. Saturno, il secondo pianeta più grande, è oltre nove volte più largo della Terra.

29 La Grande Macchia Rossa su Giove è una tempesta che dura da almeno 300 anni. È stata notata per la prima volta circa 300 anni fa ed è almeno due volte più larga della Terra. Si solleva sopra il resto delle nuvole e vortica come fanno le nuvole di una tempesta sulla Terra.

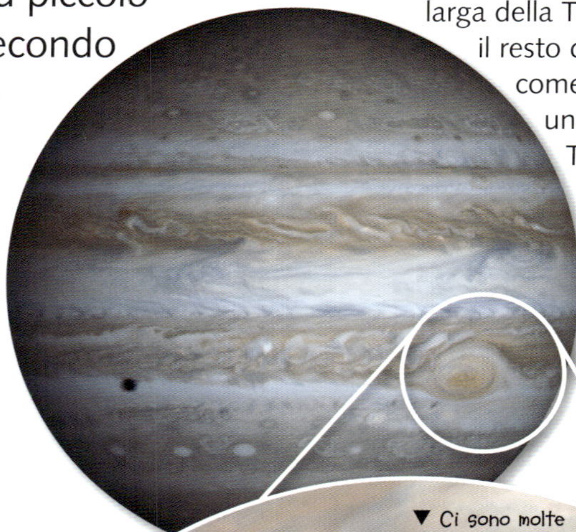

◀ I forti venti di Giove muovono le nuvole formando fasce colorate disposte intorno al pianeta.

28 Giove ha più di 60 lune. La sua luna Io ha molti vulcani attivi che eruttano enormi pennacchi di materiale, creando macchie rosse e segni scuri sulla sua superficie giallo-arancione.

Queste quattro grandi lune furono scoperte da Galileo Galilei nel 1610 e sono conosciute anche come lune galileiane o satelliti medicei.

▼ Ci sono molte tempeste su Giove, ma nessuna è così grande e duratura come la Grande Macchia Rossa.

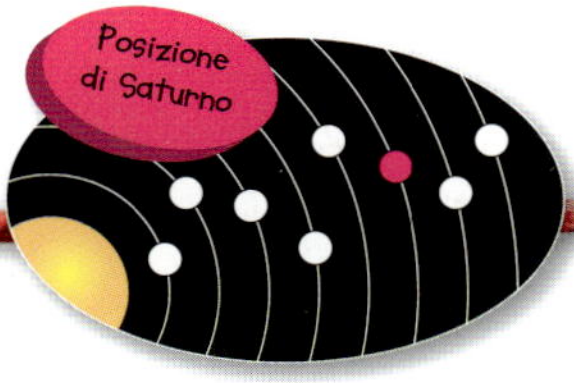

▶ Sebbene gli anelli di Saturno siano molto ampi, si estendono in uno strato molto sottile intorno al pianeta.

30 **Gli anelli splendenti intorno a Saturno sono composti di milioni di pezzi di ghiaccio.** Questi circondano il pianeta come piccole lune e brillano riflettendo la luce solare dalle loro superfici. Alcuni sono piccoli come cubetti di ghiaccio mentre altri sono grandi come un'automobile.

31 **Giove e Saturno sono giganti gassosi.** Non hanno una superficie solida che consenta l'atterraggio di un veicolo spaziale. È possibile vedere solo la cima delle loro nuvole. Al di sotto, i pianeti sono composti principalmente da gas (come l'aria) e da liquidi (come l'acqua).

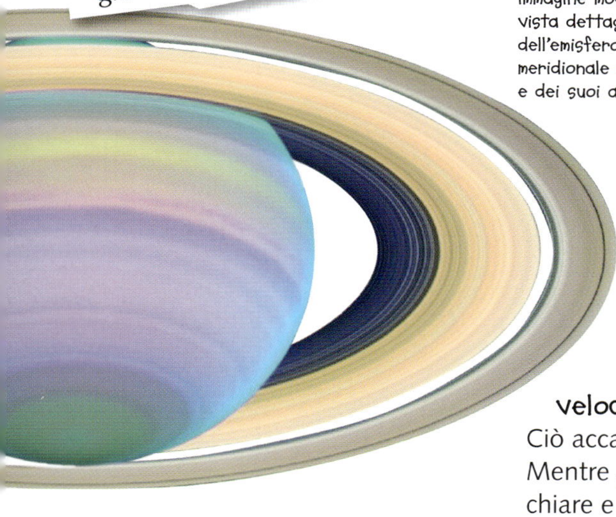

▼ Scattata con il telescopio spaziale Hubble, questa immagine mostra una vista dettagliata dell'emisfero meridionale di Saturno e dei suoi anelli.

NON CI CREDO!

Nonostante le sue dimensioni, Saturno è più leggero di qualsiasi altro pianeta. Su un mare abbastanza grande, galleggerebbe come un tappo di sughero.

32 **Giove e Saturno girano così velocemente che si gonfiano al centro.** Ciò accade perché non sono fatti di roccia solida. Mentre girano, le loro nuvole si allungano in fasce chiare e scure.

Così lontani...

▲ Questa foto mostra un'aurora (il punto blu luminoso) su Urano. Le aurore sono formate da minuscole particelle emesse dal Sole, note come vento solare. Queste vengono intrappolate dal magnetismo di un pianeta e iniziano a brillare.

33 **Urano e Nettuno sono giganti gassosi, come Giove e Saturno.** Sono i due pianeti situati oltre Saturno, ma sono molto più piccoli, essendo larghi meno della metà. Anche loro non hanno una superficie dura. La parte esterna delle nuvole li fa sembrare entrambi blu. Essendo così lontani dal Sole, sono molto freddi.

34 **Urano sembra "rotolare" intorno al Sole.** La maggior parte degli altri pianeti ruota in verticale come una trottola, mentre Urano ruota su un lato. Potrebbe essersi rovesciato quando qualcosa si è schiantato sulla sua superficie milioni di anni fa.

► Miranda, la luna di Urano, sembra che sia stata scomposta e rimessa insieme.

▼ Le cinque lune più grandi di Urano sono abbastanza grandi da essere classificate come pianeti nani, ma non si trovano nell'orbita diretta del Sole.

	Nome	Diametro	Anno di scoperta
1	Titania	1.578 km	1787
2	Oberon	1.523 km	1787
3	Umbriel	1.169 km	1851
4	Ariel	1.158 km	1851
5	Miranda	472 km	1948

35 **Urano ha più di 25 lune, e probabilmente ce ne sono ancora altre da scoprire.** La maggior parte è molto piccola, ma Titania, la più grande, ha un diametro di 1.578 km, che la rende l'ottava luna più grande del Sistema solare.

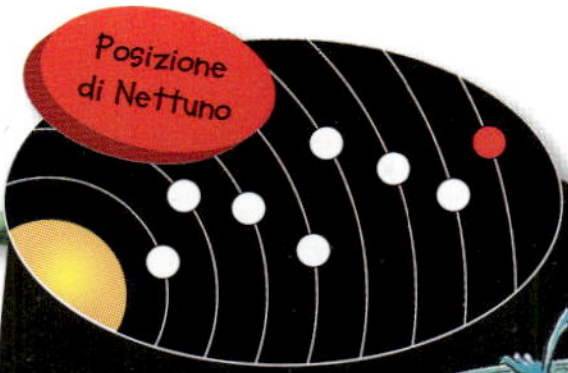

36 Su Nettuno si verificò una tempesta che in seguito scomparve. Quando la sonda spaziale *Voyager 2* passò vicino a Nettuno nel 1989, avvistò un'enorme tempesta, una versione scura della Grande Macchia Rossa su Giove. Ma quando il telescopio spaziale Hubble osservò Nettuno nel 1994, la tempesta era scomparsa.

QUIZ

1. Quante lune ha Urano?
2. Quando è stata scoperta Miranda, una delle lune di Urano?
3. Quale pianeta sembra "rotolare" intorno al Sole?
4. Di che colore sono le nuvole di Nettuno?

Risposte
1. Più di 25 2. 1948
3. Urano 4. Blu

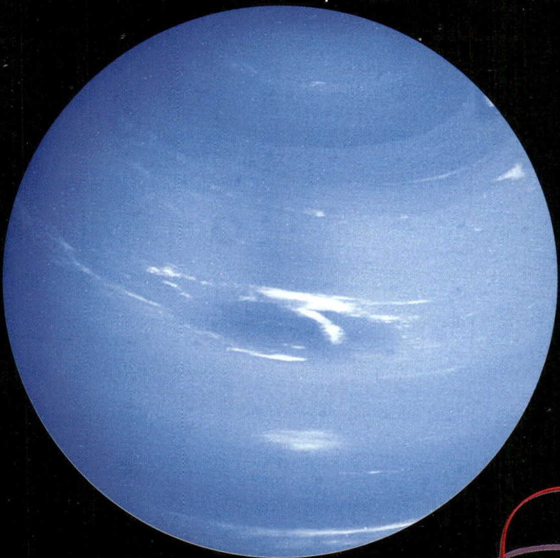

▲ La *Voyager 2* è l'unica sonda a esplorare Nettuno e a inviare immagini ravvicinate del pianeta.

37 Nettuno ha nuvole blu brillanti che fanno sembrare blu l'intero pianeta. Sopra di loro ci sono strisce bianche più piccole, ovvero nuvole ghiacciate che si spostano intorno al pianeta. Una di queste nuvole, vista dalla sonda spaziale ***Voyager 2***, è stata chiamata "Scooter" per via del suo rapido movimento intorno al pianeta.

38 In alcuni momenti Nettuno è più lontano dal Sole di Plutone. I pianeti e i pianeti nani girano intorno al Sole seguendo orbite (percorsi) che sembrano cerchi, ma quello di Plutone è più schiacciato. Questo a volte lo porta più vicino al Sole di Nettuno.

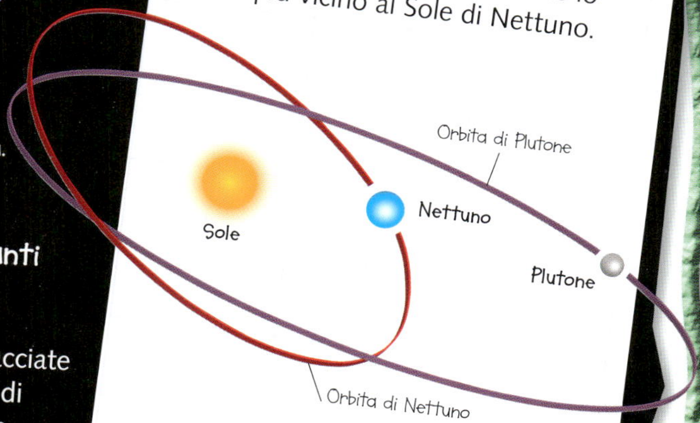

▲ Nettuno è così lontano dal Sole che la sua orbita dura 164,79 anni terrestri. Da quando è stato scoperto, nel 1846, ha completato una sola orbita.

Comete, asteroidi e meteore

39 Si pensa che ci siano miliardi di piccole comete ai confini del Sistema solare. Girano intorno al Sole ben oltre Nettuno. A volte una di loro viene disturbata e si sposta all'interno verso il Sole, orbitandogli intorno prima di tornare da dove è venuta. Alcune comete fanno regolarmente visita al Sole: la cometa di Halley torna ogni 76 anni.

La parte solida di una cometa è nascosta all'interno di un'enorme nube luminosa che si estende in una lunga coda.

40 Una cometa è spesso definita palla di neve sporca perché è fatta di polvere e ghiaccio mescolati insieme. Il calore del Sole scioglie parte del ghiaccio. Questo fa sì che il flusso di polvere e gas si allontani dalla cometa, formando un'enorme coda che brilla alla luce del Sole.

41 Le code delle comete puntano sempre lontano dal Sole. Anche se sembra luminosa, la coda di una cometa è estremamente sottile e quindi viene spinta verso l'esterno, lontano dal Sole.

42 Gli asteroidi sono rocce che non si sono unite per formare un pianeta.

42 Gli asteroidi sono rocce che non si sono unite per formare un pianeta. La maggior parte orbita intorno al Sole tra Marte e Giove, dove ci sarebbe spazio per un altro pianeta. Ci sono milioni di asteroidi, grandi come automobili... o come montagne!

ASTEROIDI

Gli asteroidi si spostano tracciando un anello intorno al Sole. Questo anello è chiamato Fascia principale e si trova tra Marte e Giove.

43 Le meteore, chiamate anche stelle cadenti, non sono vere stelle, bensì semplici strisce di luce che lampeggiano nel cielo notturno. Le meteore si formano quando dei sassolini che sfrecciano nello Spazio ad alta velocità colpiscono lo strato superiore dell'aria sopra la Terra. Il sassolino diventa così caldo da bruciare. Ci appare per alcuni secondi come una striscia luminosa.

▼ Questo cratere in Arizona è tra i pochi grandi crateri di meteoriti (meteore che colpiscono la Terra) visibili sul nostro pianeta. La Luna ne è ricoperta.

QUIZ

1. Da che parte punta sempre la coda di una cometa?
2. Quale termine è un sinonimo di meteora?
3. Dove si trova la fascia principale?

Risposte
1. Lontano dal Sole.
2. Stella cadente
3. Tra Marte e Giove

È nata una stella

44 Le stelle nascono in nubi di polvere e gas chiamate nebulose. Gli astronomi osservano queste nubi come macchie brillanti nel cielo notturno, o macchie scure contro le stelle lontane. Le nubi si restringono quando la forza di gravità attrae la polvere e il gas insieme. Al centro, il gas diventa sempre più caldo finché non nasce una nuova stella.

45 Una stella inizia la propria vita quando comincia a produrre energia. Quando la polvere e il gas si attraggono diventa molto calda. Alla fine diventa così calda al centro che può iniziare a produrre energia. L'energia fa brillare la stella che emette calore e luce come il Sole.

QUIZ

1. Cos'è una nebulosa?
2. Da quanto tempo splende il Sole?
3. Di che colore sono le grandi stelle calde?
4. Come si chiama un gruppo di nuove stelle giovani?

Risposte
1. Una nuvola di polvere e gas nello Spazio 2. Circa 4,6 miliardi di anni 3. Bianco-bluastro 4. Ammasso di stelle

LEGENDA

1. Le macchie di gas in una nebulosa iniziano a compattarsi in sfere tonde e strette che diventeranno stelle. Il gas si avvolge a spirale mentre viene attratto verso l'interno.
2. Nelle profondità del suo centro, la nuova stella inizia a produrre energia, ma è ancora nascosta dalla nube di polvere e gas.
3. La polvere e il gas vengono spazzati via e possiamo vedere la stella brillare. Eventuali gas e polveri rimasti possono formare pianeti intorno alla nuova stella.

46 Le stelle giovani spesso restano insieme in ammassi. Quando iniziano a brillare illuminano la nebulosa, facendola risplendere di colori vivaci. Poi la luce delle stelle spazza via i resti della nube e possiamo vedere un gruppo di nuove stelle, chiamato ammasso.

AMMASSO DI STELLE

Queste stelle giovani, di diversi colori e dimensioni, si allontaneranno gradualmente, disgregando l'ammasso.

47 Le stelle grandi sono molto calde e bianche, mentre quelle più piccole sono più fredde e più rosse. Una stella grande può produrre energia più velocemente e diventare molto più calda di una stella più piccola. Sono di un colore bianco-bluastro molto brillante. Le stelle più piccole sono più fredde. Ciò le fa apparire rosse e meno brillanti. Le normali stelle intermedie, come il nostro Sole, sembrano gialle.

48 Le stelle più piccole vivono molto più a lungo delle stelle enormi. Le stelle consumano il loro gas per produrre energia: quelle grandi lo consumano molto più velocemente di quelle piccole. Il Sole ha raggiunto circa metà della sua vita. Brilla da circa 4,6 miliardi di anni e continuerà a farlo per altri 5 miliardi di anni.

Morte di una stella

49 Le stelle cominciano a morire quando esauriscono il gas per produrre energia. Il centro della stella comincia a ridursi mentre le parti esterne si espandono, rendendo la stella molto più grande.

GIGANTE ROSSA

Alla fine della loro vita le stelle si gonfiano diventando giganti rosse, come mostrato in questa immagine all'infrarosso lontano, o in supergiganti rosse ancora più grandi.

50 Le giganti rosse sono stelle morenti che si sono gonfiate fino a centinaia di volte le loro dimensioni normali. I loro strati esterni in espansione si raffreddano, facendole sembrare rosse. Quando il Sole sarà una gigante rossa, sarà abbastanza grande da inghiottire i pianeti più vicini, Mercurio e Venere, e forse la Terra.

51 Alla fine, gli strati esterni di una gigante rossa si allontanano, creando un alone di gas intorno alla stella. La luce delle stelle fa brillare questo gas, che noi chiamiamo nebulosa planetaria. Tutto ciò che rimane è una piccola stella calda chiamata nana bianca, che non può produrre energia e che gradualmente si raffredda e muore.

NEBULOSA PLANETARIA

Questa nebulosa a forma di fiocco è formata da materiale espulso da una stella morente mentre entra nella fase di nana bianca.

NANE BIANCHE

Queste antiche nane bianche si trovano nella nostra Galassia, la Via Lattea, e hanno tra i 12 e i 13 miliardi di anni.

52 **Le stelle molto pesanti terminano la loro vita con un'enorme esplosione chiamata supernova.** Questa esplosione spazza via tutte le parti esterne della stella. Tutto ciò che rimane è una piccola stella calda al centro di un guscio di gas caldo brillante.

▶ Cassiopeia A è uno dei resti di supernova più studiati. Questa immagine è stata realizzata usando i dati di tre tipi diversi di telescopi.

NON CI CREDO!

Uno dei segni principali di un buco nero è la radiazione proveniente da gas molto caldi vicino a uno di essi, appena prima di essere risucchiati.

53 **Dopo l'esplosione di una supernova le stelle più grandi possono diventare buchi neri.** I resti della stella finiscono al suo interno. Mano a mano che si restringe, la sua gravità acquista forza. Alla fine l'attrazione della sua gravità può diventare così forte che nulla nelle vicinanze può sfuggirle. Questo fenomeno si chiama buco nero.

▲ Il gas caldo che finisce in un buco nero chiamato Cygnus X-1 emette potenti raggi X raccolti dal satellite Chandra.

Miliardi di galassie

54 Il Sole fa parte di un'enorme famiglia di stelle chiamata Via Lattea. Ci sono miliardi di altre stelle nella nostra galassia, tante quanto i granelli di sabbia su una spiaggia. La chiamiamo Via Lattea perché appare come una fascia di luce molto debole nel cielo notturno, come se qualcuno avesse versato del latte nello Spazio.

▶ Con un binocolo si può vedere che il debole bagliore della Via Lattea proviene da milioni di stelle della nostra galassia.

55 I bracci a spirale danno ad alcune galassie la loro forma caratteristica. La Via Lattea ha bracci fatti di stelle luminose e nubi brillanti di gas che si arricciano a forma di spirale. Le galassie ellittiche hanno una forma rotonda che ricorda una sfera schiacciata. Altre galassie non hanno una forma particolare.

NON CI CREDO!

Se si potesse inserire la Via Lattea in queste due pagine, il Sole sarebbe così piccolo da risultare invisibile.

56 **Ci sono miliardi di galassie al di fuori della Via Lattea.** Alcune sono più grandi e molte più piccole, ma tutte hanno più stelle di quante se ne possano contare. Le galassie tendono a raggrupparsi in ammassi.

UN AMMASSO DI GALASSIE

Gli astronomi hanno soprannominato questo interessante ammasso di galassie "Bullet Cluster". È composto da due gruppi di galassie in collisione.

ELLITTICA

A SPIRALE

IRREGOLARE

▲ Le galassie possono essere classificate in base alla loro forma. La Via Lattea è una galassia a spirale.

57 **Non avviene alcun urto quando le galassie si scontrano.** Una galassia è per lo più uno spazio vuoto tra le stelle. Ma quando le galassie si avvicinano molto si attraggono a vicenda, cambiando forma. A volte sembrano avere un'enorme coda che si estende nello Spazio, oppure ricordano un anello di stelle luminose.

▲ Queste due galassie sono così vicine che ognuna ha attratto una lunga coda di stelle luminose dell'altra.

Cos'è l'Universo?

58 **Universo è il nome che diamo a tutto ciò che** conosciamo. Questo comprende tutto ciò che si trova sulla Terra, dai minuscoli granelli di polvere alla montagna più alta, e tutto ciò che ci vive. Comprende anche lo Spazio, tutti i miliardi di stelle nei miliardi di galassie.

59 **L'Universo è iniziato con un'enorme esplosione chiamata Big Bang.** Gli astronomi pensano che sia avvenuta circa 13,7 miliardi di anni fa. L'esplosione ha prodotto una spinta verso l'esterno, in ogni direzione. All'inizio, tutto era raggruppato in modo molto compatto. Nel corso del tempo si è espanso (diffuso) nell'Universo così come lo vediamo oggi, che è per lo più spazio vuoto.

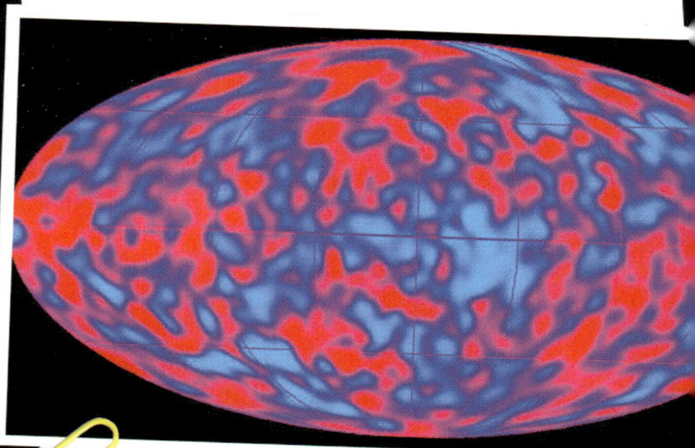

▲ Un satellite ha misurato e mappato la luce più antica dell'Universo, nota come radiazione cosmica di fondo, fornendo un'istantanea dell'Universo primordiale.

MATERIA OSCURA

Alcune delle galassie lontane in questo ammasso appaiono distorte, perché la luce proveniente da esse viene piegata dall'invisibile materia oscura.

60 **La materia dell'Universo include pianeti, stelle e gas, e la sua energia include luce e calore.** Gli scienziati sospettano che contenga anche materia ed energia oscura sconosciute, che non siamo in grado di rilevare e capaci di influenzare ciò che accade all'Universo.

61 Le galassie continuano ad allontanarsi l'una dall'altra. Quando gli astronomi guardano le galassie lontane possono vedere che altre galassie si stanno allontanando dalla nostra, e che quelle più lontane si allontanano più velocemente. In pratica, tutte le galassie si allontano le une dalle altre. Per questo diciamo che l'Universo è in espansione.

UNIVERSO A PUNTINI

Cosa ti serve

palloncino • penna

Gonfia un po' un palloncino, tenendo stretta l'estremità per non far uscire l'aria. Traccia dei puntini sul palloncino con una penna, poi gonfialo ancora un po'. Osserva i puntini allontanarsi l'uno dall'altro. È così che le galassie si allontanano mentre l'Universo si espande.

62 Non sappiamo cosa succederà all'Universo tra miliardi di anni. Potrebbe continuare ad espandersi. Se questo dovesse accadere, le vecchie stelle moriranno gradualmente e non ne nasceranno di nuove. Sarà buio e freddo ovunque.

LEGENDA

1. Una volta tutte le parti che compongono l'Universo erano ammassate insieme. Nessuno sa perché l'Universo abbia iniziato ad espandersi con un Big Bang.
2. Mentre tutto si allontanava in ogni direzione, cominciarono a formarsi stelle e galassie.
3. Oggi ci sono galassie di diverse forme e dimensioni, tutte in movimento. Un giorno potrebbero iniziare a muoversi l'una verso l'altra.
4. L'Universo potrebbe smettere di espandersi, o restringersi e finire con un Big Crunch.

Tre, due, uno... decollo!

63 Un razzo deve viaggiare quasi 40 volte più veloce di un jet per superare l'atmosfera e raggiungere lo Spazio. Se fosse più lento, la gravità lo riporterebbe sulla Terra. I razzi sono alimentati da combustibile, che produce gas caldi che, fuoriuscendo dai motori, li spingono in alto.

Questo shuttle è stato lanciato nello Spazio da tre motori a razzi e due enormi razzi ausiliari.

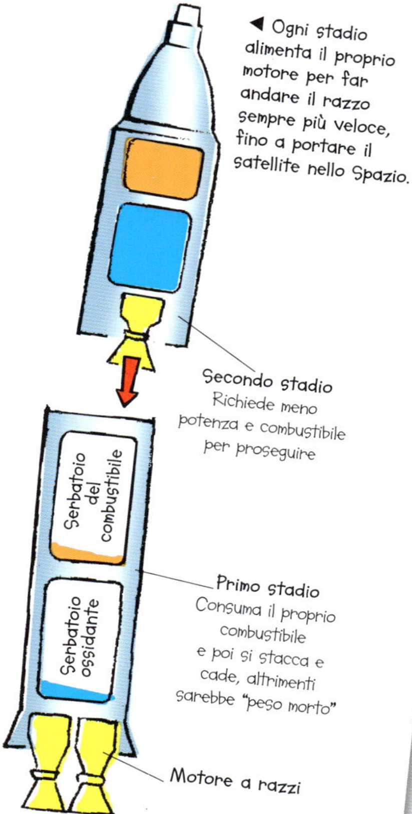

64 Un singolo razzo di solito non è abbastanza potente per lanciare un veicolo spaziale. La maggior parte è dotata di due o tre stadi, ovvero separati montati uno sopra l'altro, ognuno con i propri motori. Quando il primo stadio esaurisce il proprio combustibile, si stacca e il secondo stadio si avvia. Infine entra in gioco il terzo stadio per raggiungere lo Spazio.

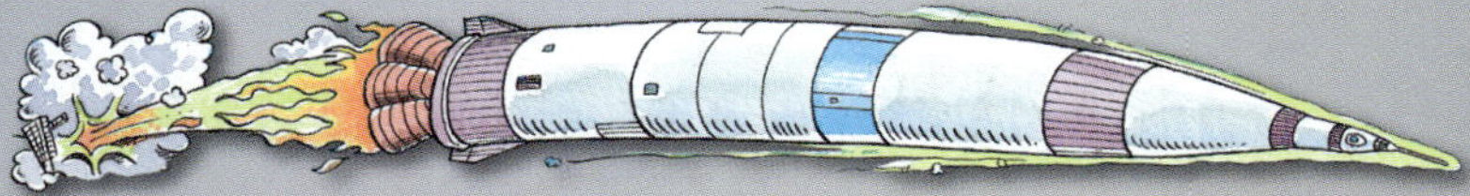

65 **Alcuni lanciatori dispongono di razzi ausiliari, cioè razzi supplementari** fissati al principale. La maggior parte dei razzi ausiliari brucia combustibile solido, come razzi pirotecnici giganti. Esaurito il combustibile, si staccano. Alcuni, dotati di paracadute, finiscono in mare, per essere raccolti e riutilizzati.

QUIZ

1. Gli shuttle usano i paracadute per fermarsi o per partire?
2. Quante volte più veloce di un jet deve viaggiare un razzo per raggiungere lo Spazio?
3. In che anno si è svolta l'ultima missione di uno shuttle?

Risposte
1. Per fermarsi 2. Quaranta volte più veloce 3. 2011

Lo shuttle estrae le ruote e atterra sulla pista. Un paracadute e i freni potentissimi consentono allo shuttle di fermarsi.

◀ L'8 luglio 2011, lo space shuttle *Atlantis* è decollato dalla Florida per la missione finale del programma Space Shuttle, durato 30 anni.

66 **Gli space shuttle erano aerei spaziali riutilizzabili.** Dal loro primo lancio nel 1981, hanno partecipato a oltre 130 missioni. Lo shuttle decollava in verticale come un razzo, portando con sé un carico fino a 26 tonnellate. Per atterrare scendeva in picchiata e poi planava su una pista.

Vivere nello Spazio

67 Lo Spazio è un luogo pericoloso. Può essere bollente sotto la luce solare e gelido all'ombra della Terra. Vanno considerate le radiazioni dannose provenienti dal Sole. Polvere, rocce e rottami di altri razzi sfrecciano nello Spazio a una velocità tale da poter aprire facilmente un piccolo foro in un veicolo spaziale...

PASSEGGIATA NELLO SPAZIO

Non è facile per un astronauta con addosso un'ingombrante tuta spaziale impugnare degli strumenti o piegare le braccia.

▼ In una tuta spaziale, sono necessari molti strati di materiali diversi per mantenere l'astronauta al sicuro.

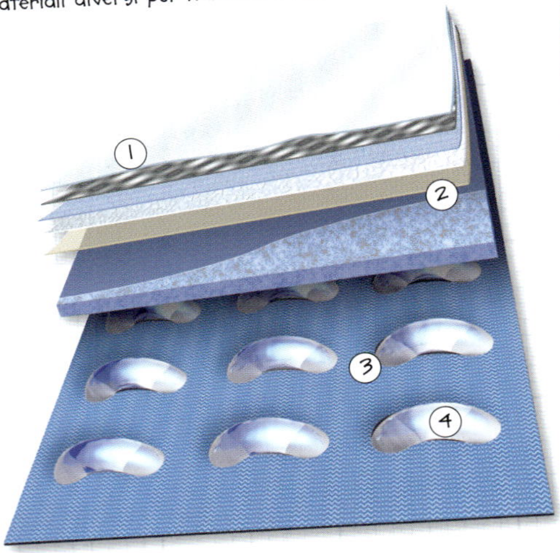

LEGENDA

1. Gli strati esterni proteggono l'astronauta dal calore estremo del Sole
2. Questo strato sigilla la tuta dal vuoto dello Spazio
3. Il rivestimento morbido avvolge la pelle
4. I tubi trasportano l'acqua di raffreddamento

68 Le tute spaziali proteggono gli astronauti nello Spazio. Sono ingombranti perché composte da molti strati per renderle resistenti. Devono trattenere l'aria per far respirare gli astronauti e proteggerli dalla polvere libera e dalle radiazioni nocive. Per mantenere gli astronauti alla giusta temperatura mentre lavorano all'esterno della navicella, tubi d'acqua posti sotto la tuta spaziale espellono il calore in eccesso.

PASTI SPAZIALI

Cosa ti serve

noodle secchi • acqua bollente

Compra un alimento disidratato come i noodle, a cui basta aggiungere acqua bollente. Questo è il tipo di cibo che mangiano gli astronauti. La maggior parte dei loro pasti sono disidratati, in modo da ridurne al minimo il peso.

70 **Tutto fluttua nello Spazio come se non avesse peso.** Quindi tutti gli oggetti devono essere fissati o fluttueranno. Gli astronauti hanno dei punti d'appoggio che li tengono fermi mentre lavorano. Si legano nei sacchi a pelo per non sbattere contro le cose quando dormono.

69 **Gli astronauti devono portare con sé** nello Spazio tutto il necessario. Nello Spazio non c'è aria, acqua o cibo, quindi tutte le cose di cui gli astronauti hanno bisogno vengono stoccate nel veicolo spaziale e spedite con loro.

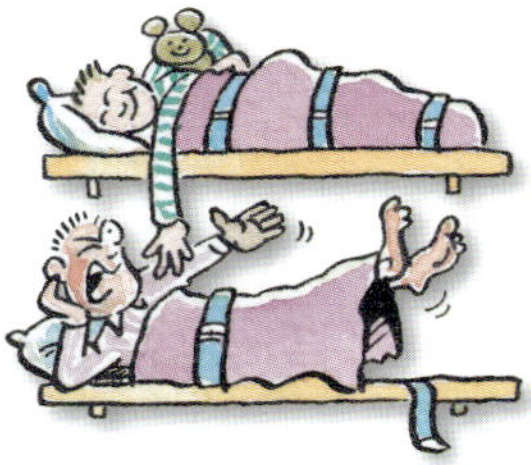

▶ I sacchi a pelo sono fissati alle pareti, per questo gli astronauti sembrano dormire in piedi.

Da casa a casa

71 **Una stazione spaziale è una casa nello Spazio per astronauti e cosmonauti (astronauti russi).** Ha una cucina per preparare i pasti e cabine con sacchi a pelo. Ci sono servizi igienici, lavandini e a volte docce. Ci sono postazioni per lavorare e punti di controllo in cui gli astronauti verificano che tutto funzioni correttamente.

▼ La Stazione Spaziale Internazionale fornisce agli astronauti una casa nello Spazio.

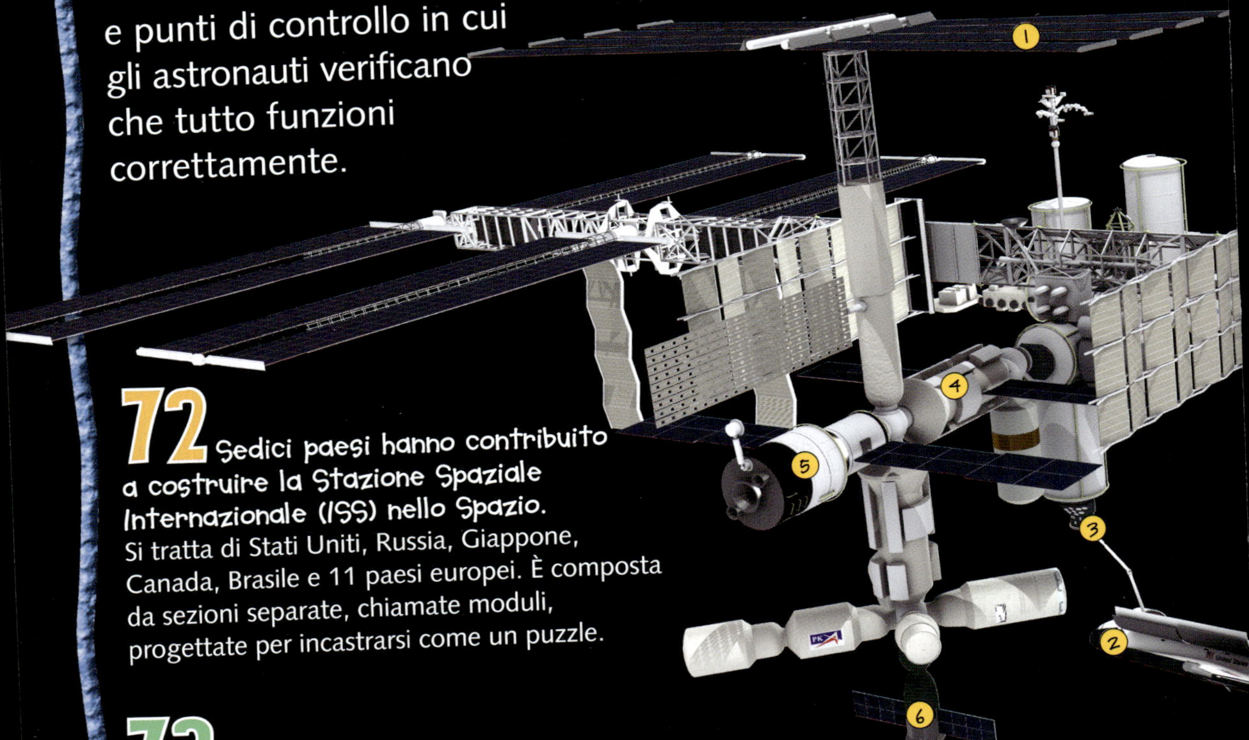

72 **Sedici paesi hanno contribuito a costruire la Stazione Spaziale Internazionale (ISS) nello Spazio.** Si tratta di Stati Uniti, Russia, Giappone, Canada, Brasile e 11 paesi europei. È composta da sezioni separate, chiamate moduli, progettate per incastrarsi come un puzzle.

73 **La stazione spaziale statunitense Skylab, lanciata nel 1973, è ricaduta sulla Terra nel 1979.** La maggior parte è finita nell'oceano, ma alcuni pezzi hanno raggiunto l'Australia.

LEGENDA

1. Pannelli solari per l'energia
2. Space shuttle
3. Porta di attracco
4. Modulo di controllo
5. Modulo abitativo
6. Veicolo di trasporto Soyuz

STAZIONE SPAZIALE INTERNAZIONALE

Un'immagine aerea di un uragano che vortica sulla Terra scattata da un membro dell'equipaggio della ISS nel settembre 2010.

74 Ogni modulo è stato lanciato dalla Terra e aggiunto alla ISS nello Spazio. Lì è stato montato dagli astronauti della ISS con l'aiuto di un braccio robotico. Sono stati aggiunti enormi pannelli di celle solari. Questi trasformano la luce solare in elettricità per rifornire di energia la stazione spaziale.

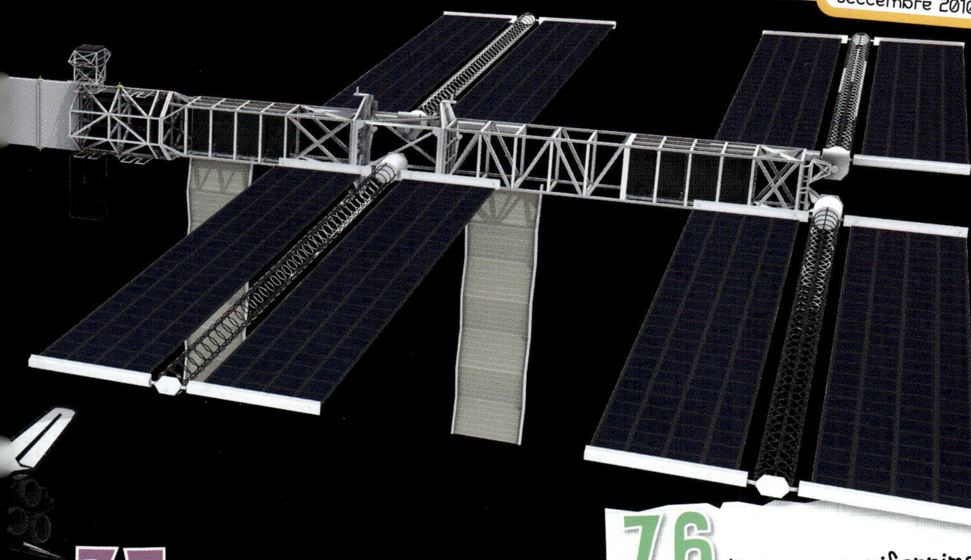

75 L'equipaggio vive a bordo della ISS per diversi mesi alla volta. Il primo equipaggio di tre persone è arrivato sulla stazione spaziale nel novembre 2000, rimanendovi per oltre quattro mesi. La stazione ora può ospitare sei astronauti e include molti moduli per vivere e lavorare.

76 Persone e rifornimenti possono raggiungere la ISS a bordo dei veicoli spaziali russi Soyuz. Ci sono anche traghetti robot senza equipaggio, tra cui i veicoli russi Progress e gli ATV (Automated Transfer Vehicles) europei. Nel 2001, con un soggiorno di otto giorni sulla ISS, l'americano Dennis Tito è diventato il primo turista spaziale.

Esploratori robot

77 Veicoli spaziali robot chiamati sonde hanno esplorato tutti i pianeti. Le sonde inviano foto ravvicinate e dati sulle misurazioni fatte agli scienziati sulla Terra. Alcune sonde orbitano intorno ai pianeti scattando foto. Le sonde possono anche atterrare sulla superficie.

78 Nel 1976, due veicoli spaziali Viking sono atterrati su Marte per cercare segni di vita. Hanno raccolto della polvere e l'hanno analizzata. Non hanno trovato vita: le loro foto hanno mostrato solo un deserto arido, rosso e polveroso.

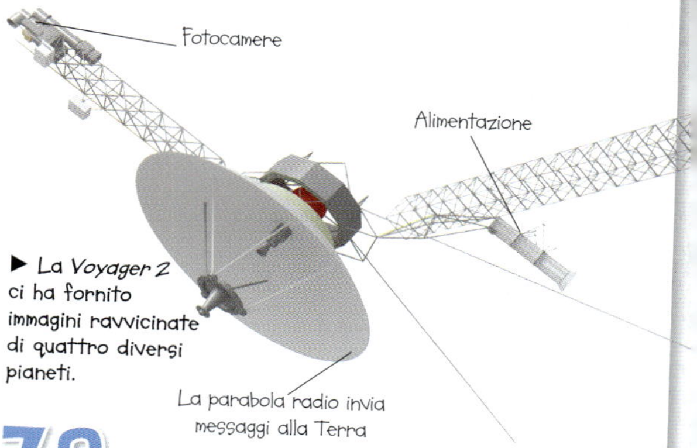

► La *Voyager 2* ci ha fornito immagini ravvicinate di quattro diversi pianeti.

79 Due sonde Voyager hanno lasciato la Terra nel 1977 per visitare i pianeti giganti gassosi. Hanno raggiunto Giove nel 1979, proseguendo poi fino a Saturno. La *Voyager 2* ha raggiunto Urano nel 1986 e Nettuno nel 1989. Hanno inviato migliaia di immagini ravvicinate di ogni pianeta e delle relative lune e anelli. Hanno inoltre scoperto nuovi anelli e molte nuove lune intorno ai pianeti giganti. Entrambe le Voyager stanno lasciando il Sistema solare e continueranno a inviare informazioni sullo Spazio tra le stelle fino al 2025.

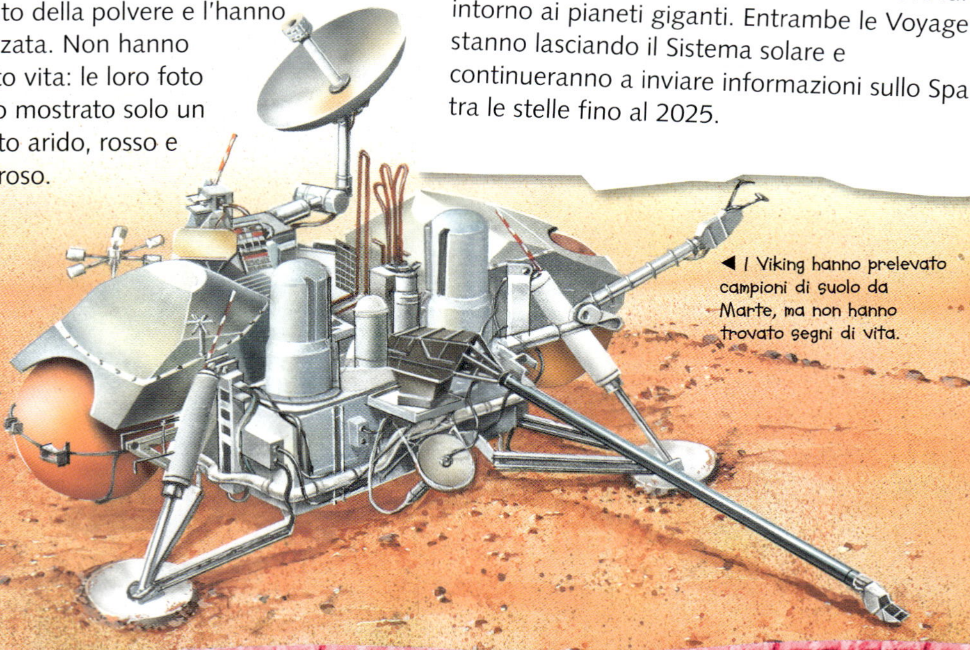

◄ I Viking hanno prelevato campioni di suolo da Marte, ma non hanno trovato segni di vita.

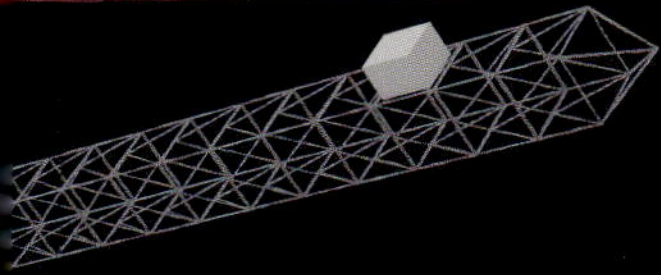

80 **La sonda *Galileo* è arrivata su Giove nel 1995 e ha orbitato intorno al pianeta per quasi 8 anni.** Ha scoperto che in due delle sue lune più grandi potrebbero nascondersi oceani d'acqua sotto le spesse superfici ghiacciate. La sonda *Juno* è ora in orbita intorno a Giove, per scoprire di più su come si è formato il pianeta gigante.

▲ La sonda spaziale *Juno* è entrata nell'orbita di Giove nel 2016, e da allora gira intorno al pianeta per studiare i suoi grandi vortici di nubi.

▶ Chiamati *Spirit* e *Opportunity*, i rover sono larghi 2,3 m e alti 1,5 m, incluse le fotocamere poste sui pali.

81 **Nel 2003, due razzi hanno lanciato due Mars Exploration Rover (MER), veicoli robotici** controllati a distanza. Sono atterrati su Marte nel gennaio 2004 e hanno esplorato l'area, scattando foto e raccogliendo dati. Un altro rover, *Curiosity*, ha toccato il suolo di Marte nel 2012 per cercare di capire se un tempo ci fossero state condizioni favorevoli allo sviluppo di vita.

QUIZ

1. Quando hanno superato Giove le Voyager?
2. Per quanto tempo la sonda *Galileo* ha orbitato intorno a Giove?
3. Quali sonde hanno esaminato Marte alla ricerca di vita?
4. Quanto sono alti *Spirit* e *Opportunity*?

Risposte
1. 1979 2. 8 anni
3. Viking 4. 1,5 metri

Osservare la Terra

82 Centinaia di satelliti circondano la Terra. Sono lanciati nello Spazio da razzi e possono rimanerci per anche più di dieci anni.

▼ I satelliti meteorologici osservano le nuvole e avvertono quando si avvicina una violenta tempesta.

83 I satelliti meteo aiutano i meteorologi a dirci che tempo farà. Questi satelliti possono vedere dove si stanno formando le nuvole e in che direzione stanno andando. Osservano i venti e la pioggia e misurano quanto sono caldi l'aria e il suolo.

▶ Ogni satellite ha il proprio compito, come osservare la Terra, prevedere il tempo, o scandagliare lo Spazio.

84 I satelliti per le comunicazioni trasportano programmi TV e messaggi telefonici in tutto il mondo. Grandi antenne sulla Terra trasmettono segnali radio a un satellite, che poi li ritrasmette a un'altra antenna, posizionata a metà strada intorno al mondo. Questo ci permette di parlare con persone dall'altra parte del mondo, e di goderci i Giochi Olimpici anche quando si tengono in paesi lontani.

▼ I satelliti di comunicazione possono trasmettere programmi TV direttamente a casa tua attraverso l'antenna parabolica.

85 I satelliti spia intorno alla Terra scattano foto di siti segreti in tutto il mondo e ascoltano messaggi radio segreti di navi o aerei militari.

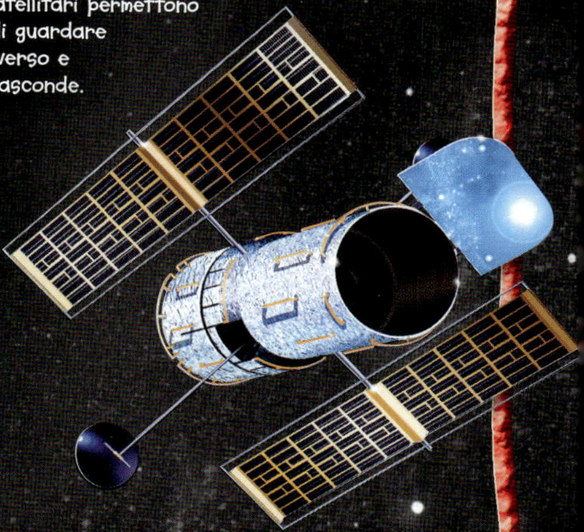

▶ I telescopi satellitari permettono agli astronomi di guardare lontano nell'Universo e scoprire cosa nasconde.

▼ Le immagini della Terra scattate dai satelliti possono contribuire a realizzare mappe molto accurate.

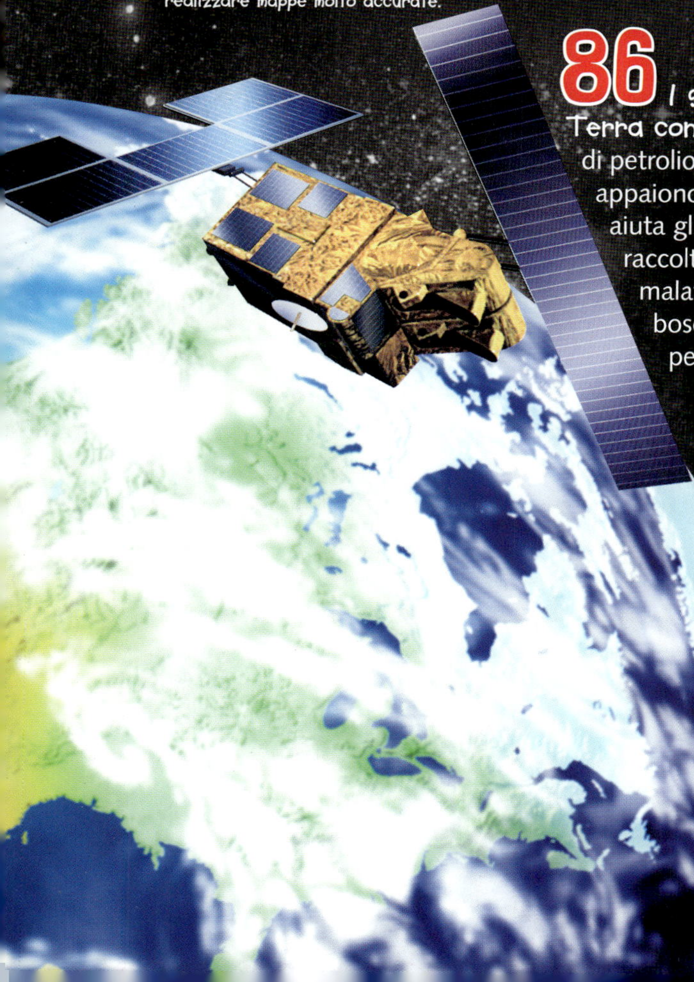

86 I satelliti per l'osservazione della Terra controllano l'inquinamento. Le chiazze di petrolio nel mare e l'aria inquinata sopra le città appaiono nelle immagini di questi satelliti. Ciò aiuta gli agricoltori mostrando come crescono i raccolti e andando alla ricerca di parassiti e malattie. Anche individuare gli incendi boschivi e gli iceberg potenzialmente pericolosi per le navi è più facile.

87 I telescopi satellitari permettono agli astronomi di osservare lo Spazio. Possono vedere altri tipi di radiazioni, come i raggi X, e la luce. I telescopi a raggi X possono suggerire agli astronomi dove potrebbe essersi formato un buco nero.

Viaggio fino alla Luna

88 I primi uomini sono sbarcati sulla Luna nel 1969. Sono stati due astronauti della missione statunitense denominata *Apollo 11*. Neil Armstrong è stato il primo essere umano a mettere piede sulla Luna. Da allora, altre cinque missioni Apollo sono atterrate sulla Luna.

▲ Nel 1969, circa mezzo miliardo di persone ha assistito ai primi passi di Neil Armstrong su un altro mondo.

89 Il razzo gigante *Saturn V* ha spinto gli astronauti nel loro viaggio verso la Luna. È stato il più grande razzo mai costruito. I suoi tre stadi hanno condotto gli astronauti nello Spazio, ed è stato il terzo a dare la spinta in più per raggiungere la Luna.

▲ I moduli lunare e di comando hanno raggiunto la Luna uniti insieme, per poi essere separati per l'allunaggio.

90 Il modulo di comando che ha portato gli astronauti sulla Luna aveva la capienza di una station wagon. Gli astronauti sono stati schiacciati al suo interno durante il viaggio, che ha richiesto tre giorni per l'andata e altrettanti per il ritorno. Al loro ritorno, il modulo di comando, con gli astronauti all'interno, è finito in mare.

▼ *L'Apollo 15*, lanciato nel 1971, rappresenta la quarta missione Apollo. L'astronauta Jim Irwin carica il rover lunare (a destra). Il modulo lunare è sulla sinistra.

91 Il modulo lunare ha portato due degli astronauti, Neil Armstrong e Edwin "Buzz" Aldrin, sulla superficie della Luna. Una volta atterrati in sicurezza, hanno indossato le tute spaziali e sono usciti a raccogliere rocce. Sono quindi decollati all'interno del modulo lunare per raggiungere il terzo astronauta – Michael Collins – che era rimasto da solo nel modulo di comando in orbita sopra la Luna.

92 Il rover lunare era una macchina guidata dagli astronauti. Aveva l'aspetto di un buggy, con quattro ruote e due sedili. La sua velocità era pari a quella di una persona che corre. Gli astronauti hanno guidato fino a 20 km/h, esplorando la superficie rocciosa della Luna vicino al loro sito di atterraggio.

93 Dopo l'ultima missione Apollo, partita nel 1972, nessuno è più tornato sulla Luna. Forse un giorno le persone torneranno sulla Luna e costruiranno basi dove vivere e lavorare.

94 Nel 1970, un'esplosione danneggiò la navicella spaziale Apollo 13, diretta sulla Luna. Gli astronauti rimasero al freddo e al buio, ma riuscirono comunque a tornare sani e salvi sulla Terra.

Siamo soli?

95 L'unica vita trovata finora nell'Universo è sulla Terra: nell'Antartide ghiacciata fino ai deserti più caldi, sulla terra e nel mare, ci sono esseri viventi. Alcuni enormi, come elefanti e balene, altri troppo piccoli per essere visti. Ma tutti, per vivere, hanno bisogno di acqua.

▼ Sulla Terra, gli animali possono vivere in una vasta gamma di habitat diversi, come il mare, i deserti e le giungle, oltre alle terre ghiacciate.

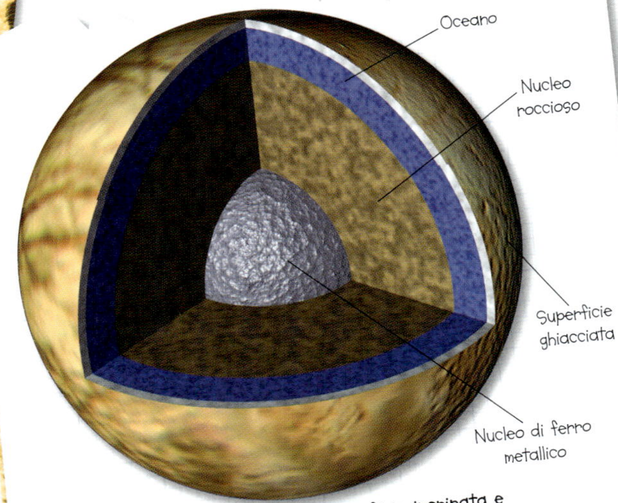

▲ In profondità, sotto la superficie incrinata e ghiacciata di Europa, potrebbe essere abbastanza caldo da sciogliere il ghiaccio in acqua.

96 Su Europa, una delle lune di Giove, potrebbe scorrere un oceano sotterraneo. Europa è poco più piccola della nostra Luna ed è ricoperta di ghiaccio. Tuttavia, gli astronomi pensano che vi sia un oceano di acqua sotto il ghiaccio. Se fosse così, potrebbe esserci vita nelle sue profondità.

▼ Nuove stelle si stanno formando in questa nube di polvere scura e gas brillante, chiamata Nebulosa Pellicano.

Famiglie di stelle

102 Le stelle sono enormi sfere di gas caldo. Ci sembrano piccole perché sono molto lontane. Nelle profondità al centro di una stella fa così caldo che parte del gas si trasforma in energia. Le stelle brillano ed emettono questa energia sotto forma di luce e calore.

103 Una stella inizia la sua vita in una nube di polvere e gas chiamata nebulosa. Le parti più spesse della nube collassano in una sfera che diventa una stella. A volte una stella brilla fino a esaurire il suo gas, dopodiché si gonfia in una gigante rossa. Una stella grande può poi esplodere come supernova, mentre quelle più piccole si restringono, diventando nane bianche.

104 Il colore di una stella mostra quanto è calda. Le stelle rosse sono piccole e fredde, quelle gialle più grandi e calde, mentre quelle bianche sono enormi e molto calde. Le stelle morenti si espandono, diventando giganti o supergiganti.

▶ La Via Lattea appare come una fascia di luce, invece di una spirale, perché la guardiamo dall'interno di uno dei bracci della spirale.

NEBULOSA FARFALLA

Alla fine della sua vita, una gigante rossa ha espulso questa nube di gas brillante.

AMMASSO DI STELLE

L'ammasso Quintupletto è un gruppo di stelle giovani e brillanti. Emettono diversi colori: rosso, blu e bianco.

GALASSIA M81

Questa enorme galassia a spirale contiene miliardi di stelle. La nostra Via Lattea avrebbe questo aspetto se potessimo vederla dall'alto.

105 **Dopo essere esplosa come supernova, una stella** gigante può collassare, formando un buco nero. La gravità di un buco nero è così forte che attira tutto al suo interno: nemmeno la luce può sfuggirle!

106 **Le galassie sono enormi famiglie di stelle.** Alcune hanno forma di sfere schiacciate e vengono chiamate galassie ellittiche. Altre hanno forma a spirale con bracci che si arricciano da una sfera centrale di stelle. Il nostro Sole si trova in una galassia a spirale chiamata Via Lattea. Nelle notti chiare e buie si può vederla come una debole fascia di luce che attraversa il cielo.

107 **Usando potenti telescopi, gli astronomi possono vedere le galassie in** tutte le direzioni. Ritengono che ci siano molti miliardi di galassie, ognuna delle quali contiene miliardi di stelle. Tutte queste stelle e galassie fanno parte dell'Universo. Questo è il nome che diamo a tutto ciò che conosciamo, comprese tutte le galassie, il nostro Sole e la nostra Luna, la Terra e tutto ciò che si trova su di essa, compreso te.

Cieli stellati

108 **Gli esseri umani sono sempre stati affascinati dalle stelle e dalla Luna.** Gli antichi vedevano il Sole attraversare il cielo durante il giorno e scomparire di notte. Poi, quando si faceva buio, vedevano la Luna e le stelle muoversi nel cielo. Si chiesero quale fosse la causa di quei fenomeni.

QUIZ

1. Come si chiamava il dio egizio del sole?
2. Cosa vedevano i cinesi quando pensavano che un drago stesse mangiando il Sole?
3. Cos'era la "stella dai capelli lunghi"?

Risposte
1. Ra
2. Un'eclissi 3. Una cometa

109 **A volte il Sole si oscura nel bel mezzo del giorno.** Questo fenomeno si chiama eclissi solare, ed è causato dalla Luna che si posiziona davanti al Sole, bloccandone la luce. L'uomo in passato non ne era consapevole, quindi viveva le eclissi con terrore. Nell'antica Cina, si pensava che la causa fosse un drago che mangiava il Sole.

110 **Nei tempi antichi l'uomo non sapeva cosa fossero il Sole, la Luna e le stelle.** Molti pensavano che il Sole fosse un dio. Gli antichi Egizi lo chiamavano Ra. Credevano che attraversasse il cielo ogni giorno su una barca e che ogni sera venisse inghiottito dalla dea del cielo, Nut, per poi rinascere la mattina dopo.

▲ Gli Egizi immaginavano la dea del cielo Nut con un corpo stellato e il dio del sole Ra seduto su un trono.

◀ Gli antichi cinesi lanciavano frecce e sbattevano pentole e padelle durante le eclissi per spaventare il drago.

▲ L'arazzo di Bayeux, realizzato intorno al 1070, mostra persone che indicano la famosa cometa di Halley (in alto a destra).

◀ Helios, il dio greco del sole, attraversava il cielo su un carro trainato da cavalli.

111 **I primi astronomi non potevano prevedere quando sarebbero apparse le comete.** Erano conosciute come "stelle dai capelli lunghi" a causa delle loro code brillanti, e molte persone pensavano che portassero sfortuna. Venivano incolpate di ogni genere di disastri, dalle inondazioni alle carestie, fino alla sconfitta in battaglia.

▶ Per il popolo azteco dell'America centrale, Quetzalcoatl, un serpente piumato, era il dio della stella del mattino.

Mappare la stelle

112 **Gli antichi astronomi realizzarono delle mappe delle stelle, dividendole in gruppi chiamati costellazioni.** In tutto il mondo, gli esseri umani hanno raggruppato le stelle in modo diverso. Oggi, gli astronomi riconoscono 88 costellazioni che coprono l'intera volta celeste.

▼ La metà settentrionale della Terra ha costellazioni diverse dalla metà meridionale, ma la disposizione delle stelle rimane immutata notte dopo notte.

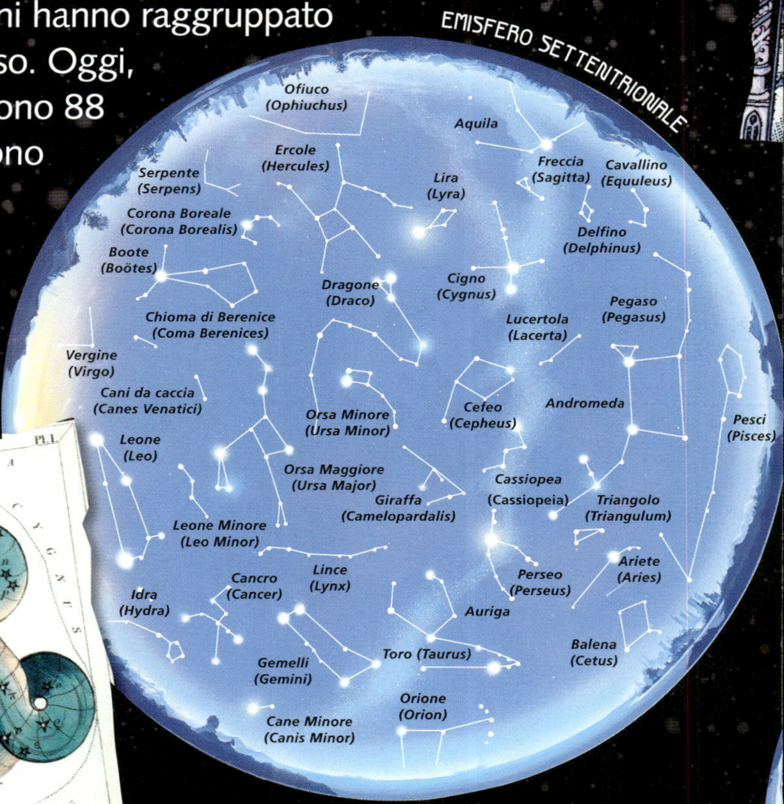

▼ Le vecchie mappe stellari raffiguravano le costellazioni come animali, come il Dragone e l'Orsa Minore.

113 **Gli astronomi hanno dato dei nomi alle disposizioni delle stelle.** Alcune prendono il nome di animali, tra cui un orso, un leone, un cigno, una colomba, un granchio e un serpente. Altre portano il nome di divinità ed eroi. Queste includono Orione (un cacciatore), Cassiopea (una regina), e l'eroe Perseo che salva la principessa Andromeda.

◀ Qui un antico astronomo (in basso a sinistra) è raffigurato mentre osserva la sfera celeste stellata per capire come si muove.

115 **Le stelle sembrano muoversi nel cielo di notte.** Questo perché la Terra gira costantemente, ma in passato si pensava che le stelle fossero fissate all'interno di un'enorme sfera cava chiamata sfera celeste, che si muoveva lentamente intorno alla Terra.

114 **Più di 2.000 anni fa, l'astronomo greco Ipparco catalogò oltre 850 stelle.** Elencò la loro luminosità e la loro posizione, e chiamò le più luminose stelle di prima magnitudine. Gli astronomi definiscono ancora oggi la luminosità di una stella con il termine magnitudine.

INDIVIDUA UNA COSTELLAZIONE

Cosa ti serve

una notte chiara • vestiti caldi • un posto buio • una buona visibilità del cielo

Se vivi nell'emisfero nord, cerca la forma a padella dell'Orsa Maggiore: quattro stelle per la ciotola e tre per il manico. Se vivi nell'emisfero sud, cerca in alto quattro stelle a forma di croce: la Croce del Sud.

116 **Gli antichi astronomi notarono che una stella sembrava ferma mentre le altre le giravano intorno.** Era la Stella Polare. Appare sopra il Polo Nord e mostra in quale direzione si trova il nord. Gli Egizi la usavano per allineare con precisione i lati delle piramidi.

Misurare il tempo

117 **Il Sole, la Luna e le stelle ci consentono di misurare** il tempo. La Terra impiega un giorno per ruotare intorno al proprio asse e un anno per girare intorno al Sole. Osservando i cambiamenti nelle posizioni delle costellazioni, gli astronomi hanno calcolato la lunghezza di un anno e creato il calendario.

▲ Le forme mutevoli della Luna sono chiamate fasi lunari. Non cambia davvero forma, è sempre una sfera rotonda di roccia.

118 **La Luna impiega 29,5 giorni per girare intorno alla Terra.** La Luna sembra cambiare forma perché vediamo quantità diverse del suo lato illuminato dal Sole mentre gira intorno alla Terra. Quando il lato illuminato è rivolto verso la Terra, è piena. Quando è rivolto dal lato opposto, si vede solo una sottile falce.

▼ Le enormi pietre verticali di Stonehenge sono allineate all'alba nel giorno più lungo di mezza estate e nel giorno più corto di metà inverno.

119 **I popoli antichi usavano le meridiane per conoscere l'ora.** Una meridiana è composta da un'asta verticale e da un quadrante piatto. Quando il Sole splende, l'asta proietta un'ombra sul quadrante. Mano a mano che il Sole si muove nel cielo, l'ombra si muove intorno al quadrante. I segni su di esso indicano le ore.

120 **Mentre la Terra gira intorno al Sole, diverse stelle appaiono nel cielo.** Questo fenomeno aiutava le persone a prevedere i cambi di stagione. Nell'antico Egitto, la luminosa Sirio indicava le esondazioni del fiume Nilo, che preparavano la terra per il raccolto.

121 **Stonehenge, in Inghilterra, è un antico monumento allineato con il Sole** e la Luna. Si tratta di un cerchio di pietre giganti risalente a oltre 4.000 anni fa. Era forse usato come calendario, o come osservatorio per prevedere le eclissi.

CREA UNA MERIDIANA

Cosa ti serve

bastoncino • plastilina • cartoncino
matita • orologio

1. Metti il bastoncino in posizione verticale sul cartoncino usando la plastilina. Lascialo fuori in una giornata di sole.
2. Ogni ora, traccia un segno a matita sul cartoncino nel punto dove finisce l'ombra.
3. Lascia il cartoncino dov'è e l'ombra indicherà l'ora ogni volta che il Sole lo illuminerà.

▼ L'ombra proiettata da questa meridiana indica l'ora, segnata sul quadrante rotondo.

Stelle erranti

122 Quando l'uomo cominciò a studiare le stelle, ne individuò cinque diverse dalle altre. Invece di rimanere nelle stesse posizioni, si muovevano attraverso le costellazioni, e non brillavano. Gli astronomi le chiamarono pianeti, ovvero "stelle erranti".

123 I pianeti prendono il nome da antiche divinità romane. Giove è il re degli dèi, Venere la dea dell'amore, Marte è il dio della guerra, Mercurio il messaggero degli dèi, e Saturno il dio dell'agricoltura. Con l'avvento dei telescopi furono scoperti due pianeti chiamati Urano e Nettuno, come gli dèi del cielo e del mare.

124 All'inizio si pensava che la Terra fosse al centro di tutto. Si credeva che il Sole, la Luna e i pianeti girassero intorno alla Terra. L'antico astronomo greco Tolomeo pensava che la Luna fosse la più vicina alla Terra, seguita da Mercurio e Venere, dal Sole, e infine da Giove e Saturno.

DISEGNA UN'ELLISSE

Cosa ti serve

due puntine da disegno • carta cartoncino spesso • matita • spago

1. Posiziona la carta sul cartoncino. Inserisci le puntine nella carta, distanziandole un po'.
2. Lega lo spago in un anello che possa muoversi intorno alle puntine.
3. Usando la punta della matita, tira lo spago formando un triangolo.
4. Sposta la matita sulla carta, tenendo stretto lo spago per disegnare un'ellisse.

▼ La raffigurazione di Tolomeo del Sistema solare mostra la Terra al centro e il Sole e i pianeti che le orbitano intorno in cerchio.

125 Gli astronomi misurarono le posizioni e i movimenti dei pianeti. Ciò che scoprirono non corrispondeva alle idee di Tolomeo. Nel 1543, l'astronomo polacco Niccolò Copernico ipotizzò che i pianeti girassero intorno al Sole. Questo spiegava gran parte di ciò che gli astronomi avevano visto, ma non si adattava alla perfezione alle misure.

◀ La visione di Niccolò Copernico poneva il Sole al centro, con la Terra che vi orbitava intorno con gli altri pianeti.

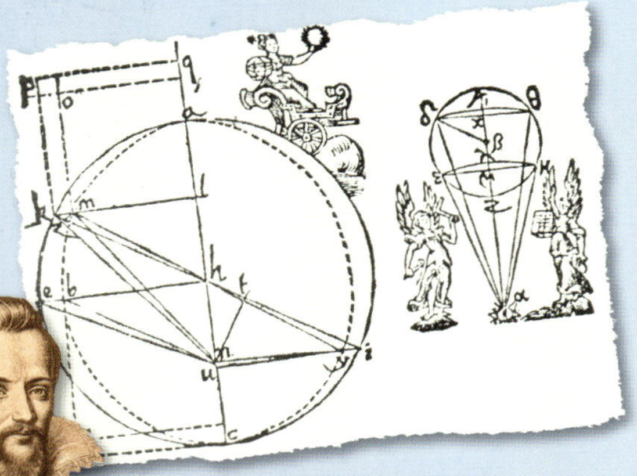

▲ Il disegno di Keplero mostra che i pianeti si muovono lungo ellissi, non cerchi.

126 L'astronomo tedesco Giovanni Keplero pubblicò la sua soluzione a questo problema nel 1609. Comprese che le orbite della Terra e dei pianeti non erano cerchi perfetti, bensì ellissi (cerchi leggermente schiacciati). Ciò corrispondeva a tutte le misure e descrive il Sistema solare così come lo conosciamo oggi.

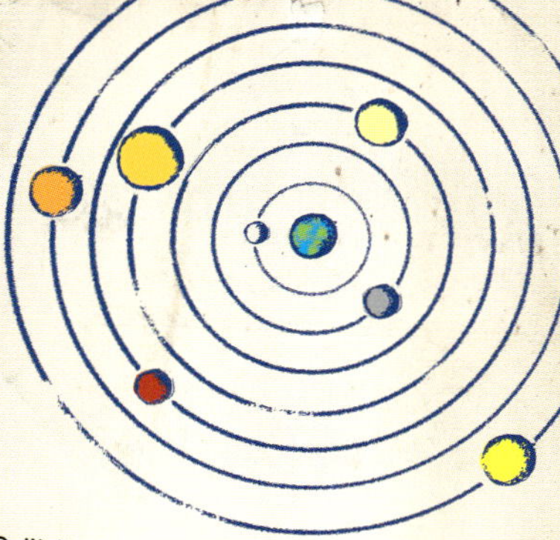

1 Dall'alto, il sistema tolemaico mostra tutti i corpi celesti (dall'interno all'esterno: Luna, Mercurio, Venere, Sole, Marte, Giove, Saturno) che si muovono intorno alla Terra.

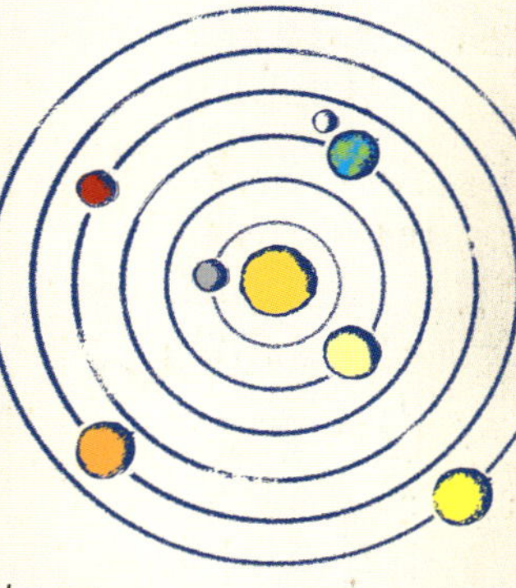

2 La visione di Copernico mostra che tutto gira intorno al Sole.

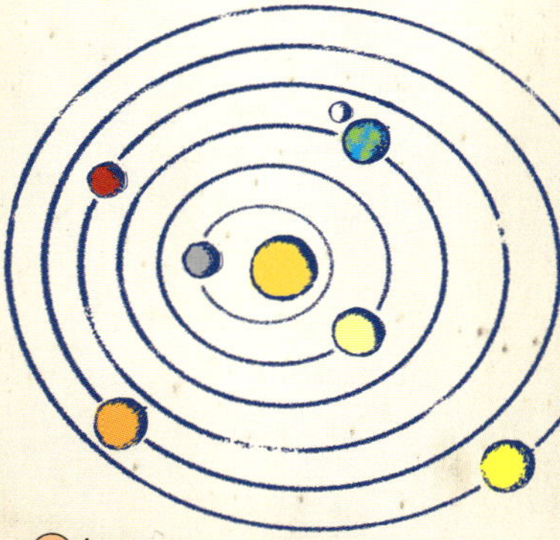

3 Keplero modifica le orbite circolari dei pianeti in ellissi.

I primi telescopi

127 Il telescopio è stato inventato intorno al 1608. I telescopi usano due lenti (dischi di vetro rigonfi al centro, o che curvano verso l'interno) posizionate ciascuna a un'estremità di un tubo. Guardando attraverso un telescopio, gli oggetti lontani sembrano più vicini e più grandi.

128 Galileo Galilei costruì un telescopio nel 1609. Fu uno dei primi ad utilizzare la nuova invenzione per l'astronomia. Con esso, Galileo osservò crateri e montagne sulla Luna, e scoprì quattro lune in orbita intorno a Giove. Rimase inoltre stupito nel vedere molte più stelle nel cielo.

▲ Galileo mostra a una folla di persone le cose incredibili che riesce a vedere con il suo telescopio.

▲ Le quattro lune più grandi di Giove sono chiamate lune galileiane, perché Galileo fu il primo a vederle con il suo telescopio.

129 Quando Galileo guardò Venere con il suo telescopio, vide che a volte appariva come una falce, proprio come la Luna. Questo significava che Venere girava intorno al Sole e non alla Terra e che Copernico aveva ragione: i pianeti giravano intorno al Sole. Galileo descrisse le sue sorprendenti scoperte in un libro chiamato *Il messaggero delle stelle*.

130 Altri astronomi cercarono presto di costruire telescopi più potenti. Nel 1668, lo scienziato inglese Isaac Newton ne realizzò uno in cui sostituì una delle lenti con uno specchio curvo, a forma di piattino. Aveva inventato il telescopio riflettore. I grandi telescopi moderni sono basati sull'invenzione di Newton.

131 Secondo la leggenda, Newton iniziò a pensare alla gravità quando vide una mela cadere da un albero. Si chiese perché la mela fosse caduta a terra invece di fluttuare verso l'alto.

132 Newton comprese anche perché i pianeti orbitano intorno al Sole. Si rese conto che qualcosa attraeva i pianeti verso il Sole: una forza di attrazione chiamata gravità. La forza di gravità del Sole mantiene i pianeti nelle loro orbite, e la gravità della Terra fa altrettanto con la Luna. Impedisce anche che tutto ciò che si trova sulla Terra fluttui nello Spazio.

◀ Lo specchio nel telescopio di Newton forniva un'immagine più chiara delle stelle rispetto ai telescopi con lenti.

Scoperte con i telescopi

▶ La cometa di Halley è stata vista l'ultima volta nel 1986 e farà ritorno soltanto nel 2061.

133 Gli astronomi hanno fatto molte nuove scoperte con i telescopi. L'astronomo Edmund Halley era interessato alle comete. Pensava che una cometa luminosa vista nel 1682 fosse la stessa avvistata nel 1607, e predisse che sarebbe tornata nel 1758. La sua previsione fu esatta e la cometa prese il suo nome: cometa di Halley.

◀ Halley ha anche mappato le stelle e studiato il Sole e la Luna.

▲ L'oggetto di Messier numero 16 è la Nebulosa Aquila, una nube di polvere dove nascono le stelle.

134 Anche l'astronomo francese Charles Messier era un cacciatore di comete. Nel 1781 cercò di restringere la sua ricerca elencando oltre 100 oggetti sfocati nel cielo che potevano essere scambiati per comete. Più tardi gli astronomi si resero conto che alcuni di questi erano nubi brillanti di polvere e gas, mentre altri erano galassie lontane.

▼ La Nebulosa di Orione, un'enorme nube brillante di gas, è l'oggetto di Messier numero 42.

▼ L'oggetto di Messier numero 31 è una galassia a spirale gigante chiamata Andromeda.

135

William Herschel, un astronomo tedesco che viveva in Inghilterra, scoprì un nuovo pianeta nel 1781. Usando un telescopio riflettore di sua invenzione, individuò una stella che sembrava muoversi. Non ricordava una cometa e Herschel capì che doveva essere un nuovo pianeta. Fu il primo pianeta scoperto con un telescopio e fu chiamato Urano.

▲ William Herschel lavorò come astronomo per Re Giorgio III d'Inghilterra.

▲ Il telescopio di Herschel fu il più grande dell'epoca; il suo specchio aveva un diametro di 1,2 metri.

136

Gli astronomi scoprirono presto che Urano non stava seguendo l'orbita prevista. Forse un altro pianeta lo stava portando fuori rotta. Seguendo le previsioni dei matematici, gli astronomi scoprirono un altro pianeta nel 1846. Fu chiamato Nettuno. È così lontano che sembra una stella.

137

La scoperta di Nettuno non spiegò del tutto l'orbita di Urano. Nel 1930, Clyde Tombaugh, un astronomo americano, scoprì Plutone. Era il nono pianeta dal Sole e molto più piccolo del previsto. Nel 2006 gli astronomi hanno declassato Plutone a pianeta nano.

QUIZ

1. Chi ha scoperto Urano?
2. Quando è stata vista per l'ultima volta la cometa di Halley?
3. Quale è stato il nono pianeta dal Sole fino al 2006?

Risposte
1. William Herschel 2. 1986
3. Plutone

Come funzionano i telescopi

138 I telescopi fanno sembrare più vicini gli oggetti lontani. La maggior parte delle stelle sono così lontane che anche al telescopio sembrano solo punti di luce. Ma la Luna e i pianeti sembrano molto più grandi attraverso un telescopio: si possono vedere anche dettagli come i crateri sulla Luna.

139 Un telescopio riflettore sfrutta uno specchio curvo per raccogliere la luce. Lo specchio riflette e mette a fuoco la luce. Un secondo specchio, più piccolo, espelle la luce lateralmente o indietro attraverso un foro nel grande specchio, verso una lente dell'oculare. Guardando attraverso di essa, si vede un'immagine ingrandita dell'oggetto lontano.

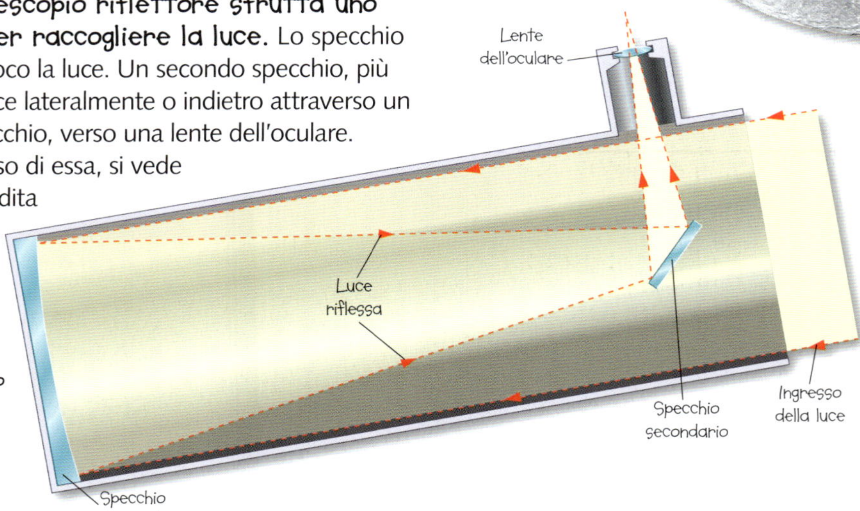

▶ La luce delle stelle rimbalza dallo specchio principale di un telescopio riflettore fino alla lente dell'oculare posta quasi in cima.

140 Un telescopio che usa una lente invece di uno specchio per raccogliere la luce si chiama telescopio rifrattore. La lente focalizza la luce che scende lungo il tubo del telescopio fino alla lente dell'oculare all'altra estremità. I telescopi rifrattori non sono così grandi come quelli riflettori, perché le lenti grandi sono molto pesanti.

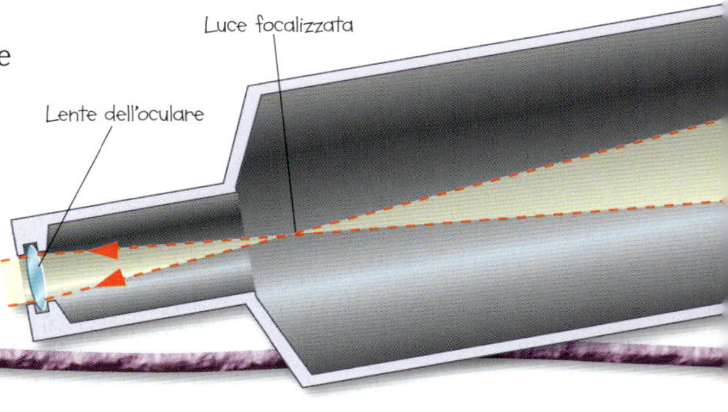

141 Gli astronomi stanno costruendo telescopi con specchi sempre più grandi.

Specchi più grandi rivelano oggetti più deboli, così i telescopi possono vedere sempre più lontano nell'Universo. Mostrano anche più dettagli nelle galassie lontane e le nuvole brillanti ed evanescenti tra le stelle.

142 Oggi, gli astronomi professionisti non guardano nei telescopi.

Usano fotocamere per catturare le immagini. Una fotocamera può costruire un'immagine in un lungo intervallo di tempo. La luce si somma per creare un'immagine più luminosa, mostrando cose non visibili solo guardando attraverso il telescopio.

▲ Un telescopio rivela crateri rotondi sulla Luna e grandi macchie scure chiamate "mari", anche se la Luna è completamente asciutta.

▲ Il Leviatano di Parsonstown in Irlanda ha un diametro di 1,8 metri ed è conservato al Museo della scienza di Londra. Cent'anni fa era il più grande telescopio del mondo.

▼ In un telescopio rifrattore la lente principale in alto piega la luce, creando un'immagine vicino al fondo del telescopio.

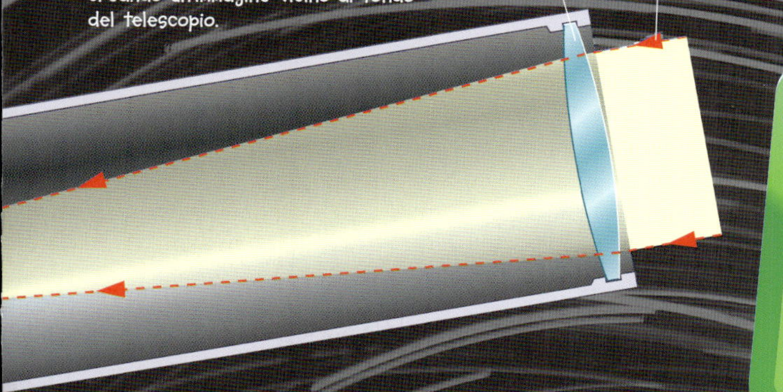

NON CI CREDO!

Il telescopio Liverpool sull'isola di La Palma nell'Oceano Atlantico è in grado di osservare automaticamente un elenco di oggetti inviati via Internet.

I telescopi oggi

143 Tutti i grandi telescopi moderni sono telescopi riflettori. Per fornire immagini chiare, i loro specchi devono essere esattamente della forma giusta. Gli specchi sono fatti di vetro lucido, ricoperti da un sottile strato di alluminio per riflettere più luce possibile. Alcuni sono fatti di vetro sottile con supporti sotto che lo mantengono nella forma giusta.

144 I grandi specchi dei telescopi sono spesso composti da molti specchi più piccoli. Gli specchi dei telescopi Keck alle Hawaii sono composti da 36 parti separate. Ognuna ha sei lati, che si combinano in uno specchio di 10 metri di larghezza, pari a circa un campo da tennis. I piccoli specchi sono inclinati in modo da ottenere esattamente la forma giusta.

145 L'aria sopra un telescopio è in costante movimento. Ciò può rendere le immagini sfocate. Gli astronomi riducono questo problema usando uno specchio supplementare che può cambiare forma. Un computer calcola costantemente quale forma debba avere lo specchio per eliminare l'effetto di sfocatura a intervalli di pochi secondi. Questa tecnica prende il nome di ottica adattiva.

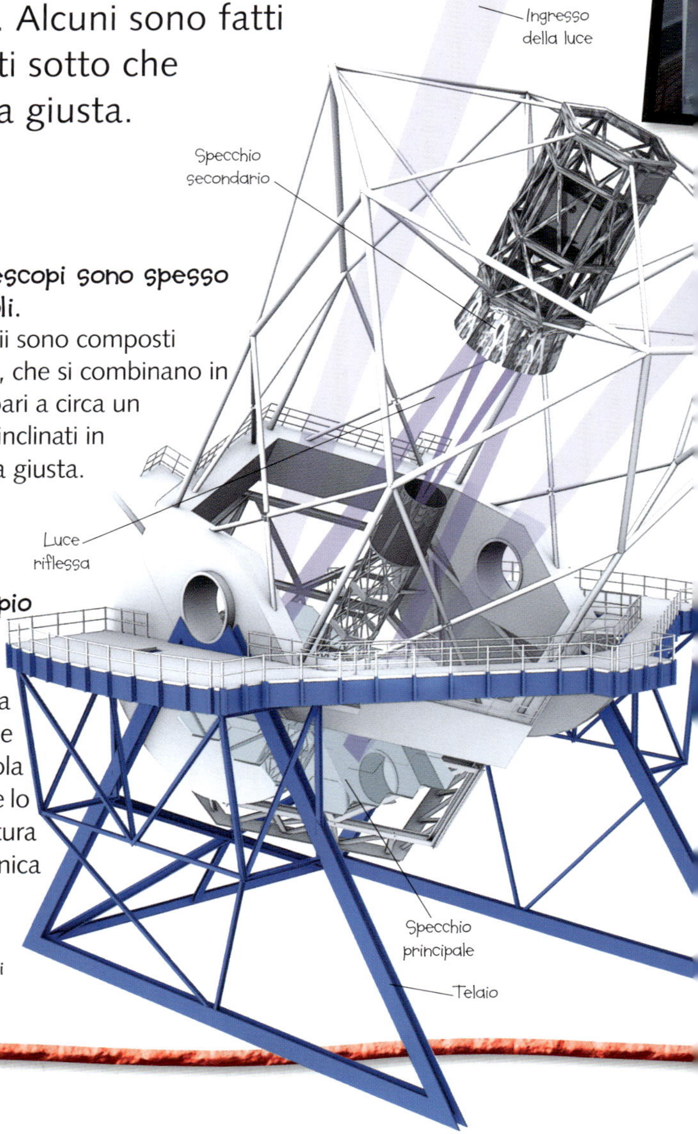

▶ Un enorme telaio tiene in posizione gli specchi di un grande telescopio riflettore mentre si inclina e ruota per puntare le stelle.

▲ Montando insieme tutte le sue 36 parti, lo specchio principale del Gran Telescopio Canarias raggiunge un diametro di 10,4 metri.

146 **È possibile unire grandi telescopi per ottenere** dettagli ancora più accurati rispetto a un singolo telescopio. Collegando i due telescopi Keck, si producono immagini di qualità simile a quelle di un telescopio con uno specchio largo quanto la distanza presente tra di loro: 85 metri (circa un campo da calcio).

QUIZ

1. Di cosa sono fatti gli specchi dei telescopi?
2. Quanti lati ha ogni parte dello specchio di un telescopio Keck?
3. Perché i telescopi devono muoversi?

Risposte
1. Vetro 2. 6
3. Per seguire le stelle

147 **I telescopi devono potersi muovere per seguire le stelle.** Possono essere necessarie ore per ottenere un'immagine di un obiettivo molto debole e distante e durante questo tempo l'obiettivo si muoverà attraverso il cielo. I motori guidano il telescopio alla giusta velocità per tenerlo puntato sull'obiettivo. L'immagine viene registrata costantemente mediante dei CCD simili a quelli di una normale fotocamera digitale.

▶ Questa immagine di Saturno è stata scattata da uno dei telescopi Keck. I colori arancioni sono stati aggiunti per mostrare le diverse temperature di nuvole e anelli.

Osservatori

148 **Gli osservatori sono luoghi in cui osservare** il cielo e dove spesso vengono costruiti i telescopi. Di solito in un osservatorio sono presenti più telescopi di diverse dimensioni. Gli astronomi scelgono luoghi remoti e lontani dalle città, perché le luci forti danneggiano le osservazioni.

VERO O FALSO?

1. Gli osservatori vengono costruiti vicino alle grandi città per comodità.
2. Il vulcano su cui è stato costruito l'osservatorio di Mauna Kea è dormiente.
3. Il Cile è un buon posto dove costruire osservatori perché piove molto.

Risposte
1. Falso 2. Vero 3. Falso

149 **Gli osservatori si trovano spesso in cima alle montagne e nei deserti** perché l'aria prossima al suolo è in costante movimento e piena di nuvole e polvere. Gli astronomi hanno bisogno di aria chiara, secca e ferma.

▶ Il telescopio Gemini North fa parte dell'Osservatorio di Mauna Kea alle Hawaii. Ha un gemello chiamato Gemini South in Cile, in Sud America.

150 Un deserto è un buon posto per costruire un osservatorio.

Le alte montagne del deserto di Atacama, in Cile, sono tra i luoghi più aridi della Terra, e il cielo notturno è incredibilmente scuro. Vi sono stati costruiti diversi grandi telescopi, compreso il Very Large Telescope (VLT).

▲ Il Very Large Telescope è in realtà composto da quattro grandi telescopi e da quattro più piccoli. I grandi telescopi si trovano all'interno di cupole squadrate.

151 Alcuni osservatori famosi si trovano in cima a un vulcano dormiente chiamato Mauna Kea, sull'isola Hawaii.

È la montagna su un'isola più alta al mondo e supera la maggior parte delle nuvole. È un buon posto per l'astronomia perché l'aria è molto pulita e secca. Ha più notti chiare della maggior parte degli altri posti sulla Terra. Ospita 13 telescopi, quattro dei quali molto grandi.

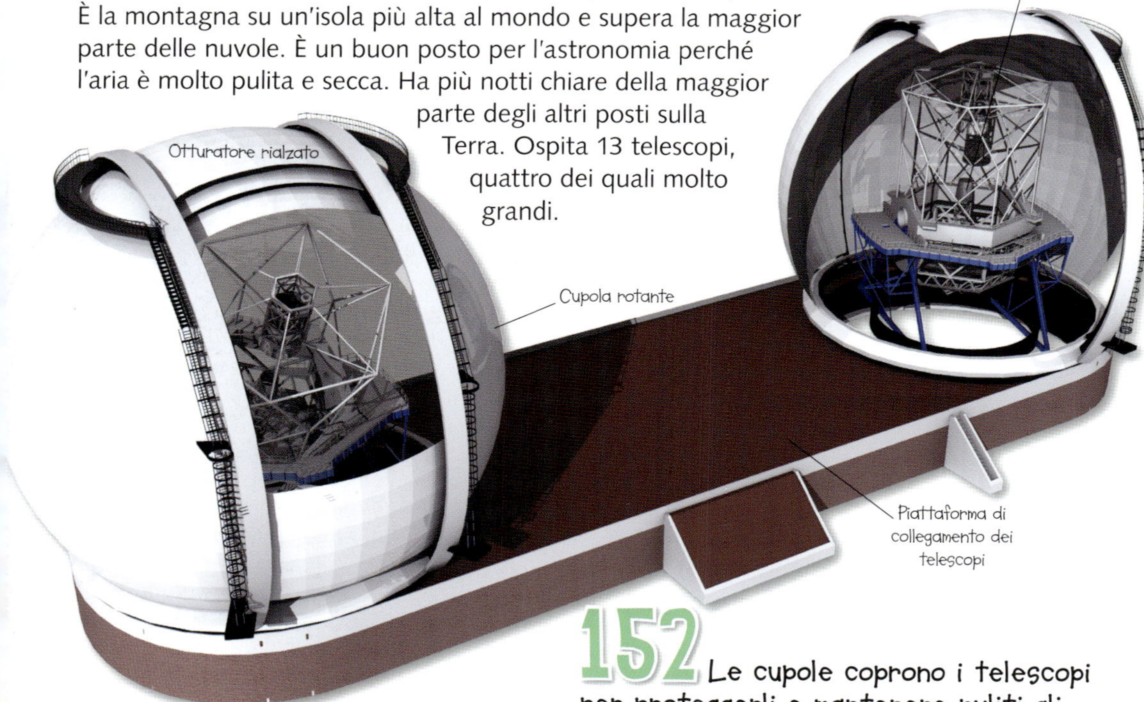

▲ I due telescopi Keck dell'Osservatorio di Mauna Kea hanno ciascuno una cupola rotonda che si apre per far entrare la luce delle stelle.

152 Le cupole coprono i telescopi per proteggerli e mantenere puliti gli specchi.

Si aprono quando i telescopi sono in funzione per far entrare la luce delle stelle. Girano anche, in modo che il telescopio possa puntare in qualsiasi direzione e muoversi per seguire le stelle.

▼ Osservatori su Mauna Kea, Hawaii.

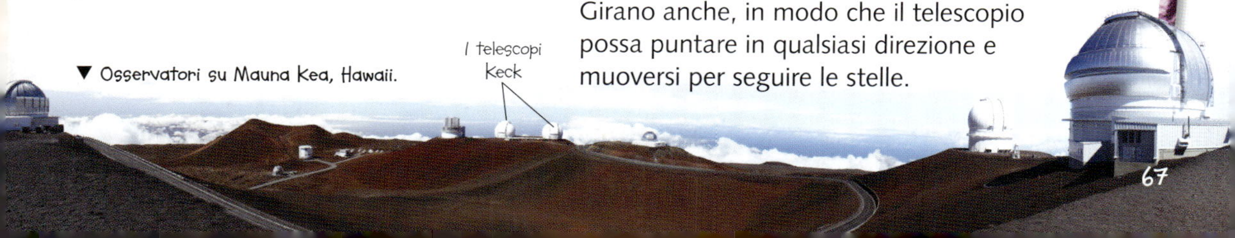

Scomporre la luce

153 Gli astronomi scoprono le stelle lontane studiandone la luce che raggiunge la Terra. Possono ottenere più dati dalla luce scomponendola nei suoi diversi colori, come un arcobaleno che si forma quando le gocce di pioggia dividono la luce del Sole. Questi colori sono chiamati spettro.

▲ La luce bianca che entra da un lato di un prisma di vetro a forma di cuneo si diffonde in un arcobaleno di colori, creando uno spettro.

SPETTRO DELL'ARCOBALENO

Cosa ti serve

bicchiere di vetro • specchietto
acqua • torcia • cartoncino

1. Metti lo specchietto nel bicchiere in modo che sia rivolto verso l'alto.
2. Versa l'acqua nel bicchiere fino a sommergere lo specchietto.
3. In una stanza buia, punta la torcia sullo specchietto.
4. Tieni il cartoncino per catturare la luce riflessa dallo specchietto e vedrai un arcobaleno: l'acqua e lo specchietto hanno suddiviso la luce in uno spettro.

154 Gli astronomi possono calcolare quanto è calda una stella dal suo spettro. Le più calde sono di colore bianco-blu, le più fredde rosse, e nel mezzo ci sono stelle gialle e arancioni. Lo spettro mostra anche quanto è grande e luminosa la stella, così gli astronomi capiscono quali sono normali stelle e quali giganti rosse o supergiganti.

155 Lo spettro di una stella può mostrare di quali gas è fatta. Ogni gas segue uno schema diverso di linee nello spettro. Gli astronomi possono anche usare lo spettro per scoprire da quali gas è composta una nube, guardando la luce delle stelle che l'ha attraversata.

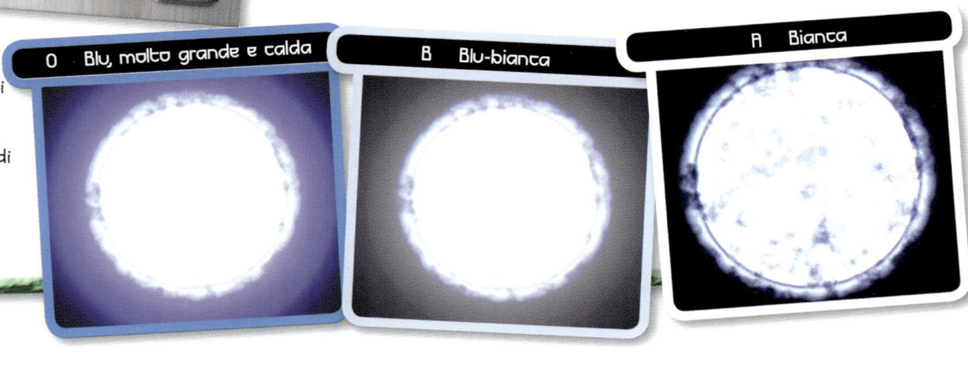

▶ Gli astronomi dividono le stelle in classi: da O, più grandi e calde, a M, più piccole e fredde.

156 **Se una stella o una galassia si allontana dalla Terra, la sua luce si allunga.** Questo fenomeno risulta evidente nel suo spettro. Gli astronomi lo definiscono spostamento verso il rosso. Lo usano per calcolare la velocità con cui si muove una galassia e quanto è lontana. Se la galassia si sta muovendo verso la Terra, la luce viene schiacciata insieme e si mostra nel suo spettro come uno spostamento verso il blu.

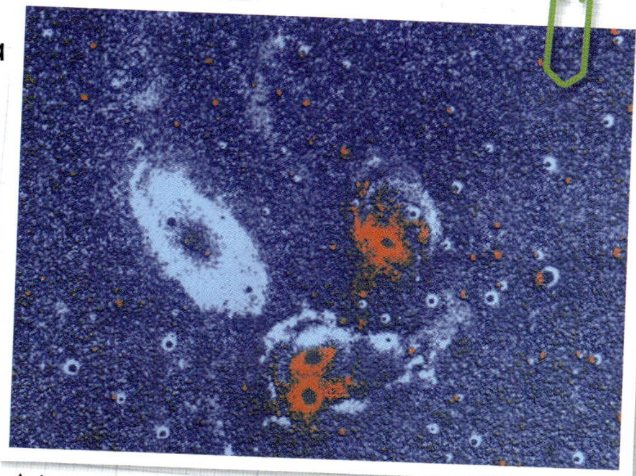

▲ In questo gruppo di galassie, chiamato Quintetto di Stephan, quelle colorate di rosso si stanno allontanando molto velocemente.

▼ Questo schema mostra le onde luminose che arrivano sulla Terra da una galassia lontana come una linea ondulata.

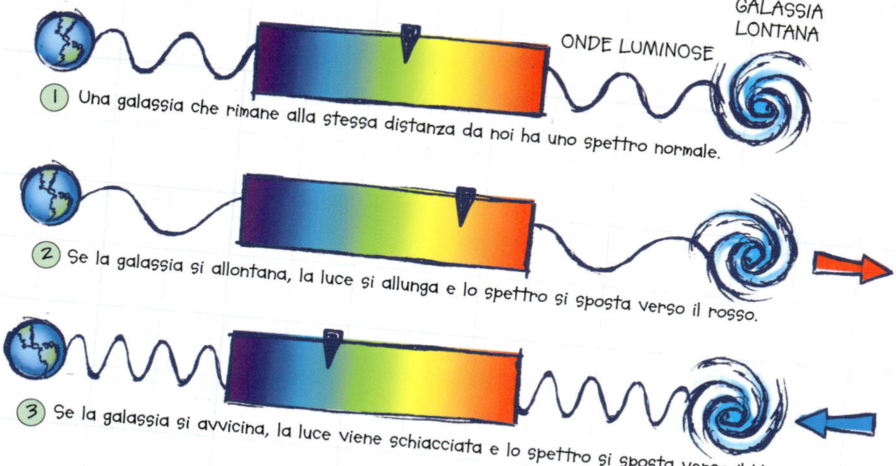

1 Una galassia che rimane alla stessa distanza da noi ha uno spettro normale.

2 Se la galassia si allontana, la luce si allunga e lo spettro si sposta verso il rosso.

3 Se la galassia si avvicina, la luce viene schiacciata e lo spettro si sposta verso il blu.

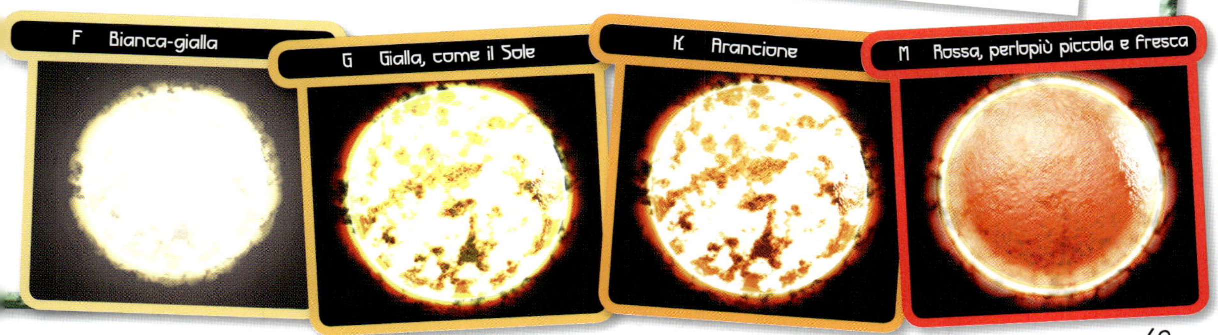

Telescopi spaziali

157 Le galassie e le stelle inviano altri tipi di radiazioni oltre alla luce. Alcune inviano onde radio come quelle che trasportano i segnali televisivi. Ci sono anche i raggi X, come quelli che gli ospedali usano per le radiografie, la luce infrarossa, i raggi gamma e la luce ultravioletta. Tutte portano informazioni.

158 Alcuni tipi di radiazioni sono rilevati più facilmente dai telescopi nello Spazio. Questo perché l'aria intorno alla Terra impedisce alla maggior parte delle radiazioni di raggiungere il suolo, il che è un bene, perché sarebbero dannose per gli esseri viventi. I telescopi spaziali orbitano intorno alla Terra per raccogliere le radiazioni e inviarci informazioni.

159 Il telescopio spaziale Hubble è un normale telescopio, ma si trova sopra lo strato dell'aria. Le sue immagini sono molto più chiare di quanto sarebbero se fosse a terra. Ha prodotto immagini di nubi di gas lontane che mostrano la nascita di stelle, e ha scrutato in profondità lo spazio individuando galassie mai viste prima.

NEBULOSA GRANCHIO

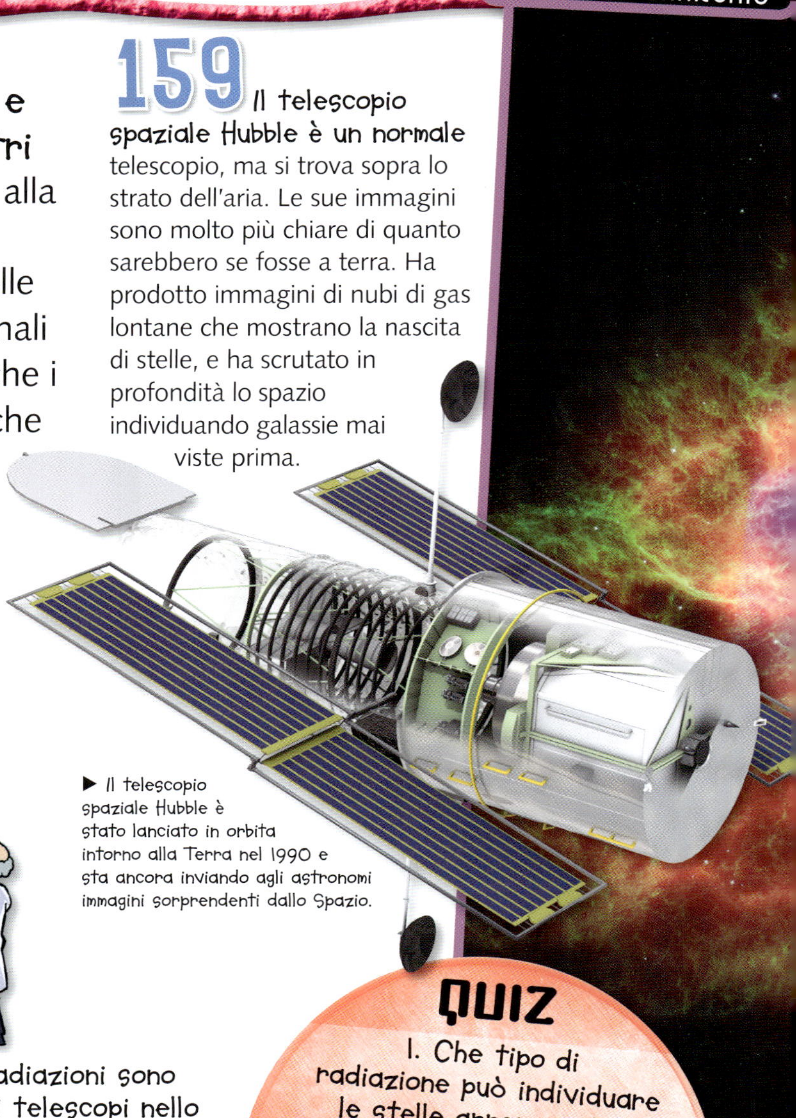

▶ Il telescopio spaziale Hubble è stato lanciato in orbita intorno alla Terra nel 1990 e sta ancora inviando agli astronomi immagini sorprendenti dallo Spazio.

QUIZ

1. Che tipo di radiazione può individuare le stelle appena nate?
2. Quali telescopi spaziali raccolgono i raggi gamma dallo Spazio?
3. Che tipo di radiazione può individuare i buchi neri?

Risposte
1. Radiazione infrarossa
2. I telescopi a raggi gamma Fermi e Integral 3. Raggi X e raggi gamma

Questa immagine include i dati di Hubble (verde e blu scuro), Spitzer (rosso) e Chandra (azzurro).

160 I telescopi spaziali Chandra X-ray Observatory e XMM Newton raccolgono entrambi i raggi X. I raggi X provengono dal gas molto caldo all'interno di ammassi di galassie. Rivelano anche i buchi neri, perché il gas che vortica intorno a essi è così caldo da emettere raggi X.

◀ Da oltre dieci anni il Chandra X-ray Observatory orbita intorno alla Terra per osservare buchi neri e stelle che esplodono.

161 **La luce infrarossa è raccolta dai telescopi spaziali Spitzer e Herschel.** Proviene dalle stelle fredde e dalle nubi di polvere e gas. La luce infrarossa può essere usata per vedere attraverso le nubi di polvere intorno alle stelle appena nate e alle stelle giovani, dove potrebbero formarsi nuovi pianeti. Rivela anche il centro della nostra galassia, nascosto dalla polvere.

162 **Il Fermi Gamma-ray Space Telescope e l'Integral sono telescopi che raccolgono i raggi gamma.** Questi raggi provengono da eventi violenti nello Spazio, come esplosioni o scontri tra stelle. Come i raggi X, anche i raggi gamma possono rivelare i buchi neri.

▶ Il telescopio spaziale Spitzer va mantenuto molto freddo, in modo che possa captare la luce infrarossa delle galassie lontane.

Radiotelescopi

163 Le onde radio provenienti dallo Spazio sono raccolte dai radiotelescopi. La maggior parte di esse può attraversare l'aria, ecco perché questi telescopi sono costruiti a terra. Esistono però molte onde radio che viaggiano intorno alla Terra, trasportando segnali TV e radio e chiamate telefoniche. Queste possono interferire con le deboli onde radio provenienti dallo Spazio.

164 I radiotelescopi funzionano come i telescopi riflettori, ma invece di usare uno specchio, le onde sono raccolte da un grande piatto di metallo. Sembrano enormi antenne della TV satellitare. La maggior parte delle parabole può ruotare per orientarsi verso qualsiasi parte del cielo e seguire obiettivi in movimento.

▶ Ogni parabola del radiotelescopio nel Very Large Array misura 25 metri di diametro e può inclinarsi e orientarsi in diverse direzioni.

165 **Alcuni scienziati usano i radiotelescopi per cercare messaggi alieni su altri pianeti o in altre galassie.** Non ne hanno ancora individuato nessuno.

166 **Non possiamo vedere le onde radio, ma gli astronomi** trasformano i segnali in immagini visibili. Le immagini di una singola parabola del radiotelescopio non sono molto dettagliate, ma diversi radiotelescopi collegati insieme possono rivelare maggiori dettagli. Il Very Large Array (VLA), nel New Mexico, ha 27 parabole separate disposte a forma di "Y", che lavorano tutte insieme come un'unica parabola da 36 km.

167 **Le onde radio provengono dal gas freddo presente tra le stelle.** Questo gas non è abbastanza caldo da brillare, quindi non può essere visto dai normali telescopi. I radiotelescopi hanno mappato nubi di gas che mostrano la forma della Via Lattea. Hanno anche scoperto quello che sembra un enorme buco nero al suo centro.

168 **Le onde radio rivelano massicci getti di gas espulsi da galassie lontane.** I getti vengono espulsi da buchi neri giganti al centro di alcune galassie, che ingoiano stelle e gas intorno a loro.

▶ Queste due macchie arancioni sono nubi di gas caldo ai lati di una galassia. Sono invisibili ai telescopi ordinari, ma i radiotelescopi possono rivelarle.

Osservare il Sole

169 Il Sole è la nostra stella più vicina e gli astronomi lo studiano per conoscere le altre stelle. Senza la luce e il calore del Sole sulla Terra non ci sarebbe vita, quindi gli astronomi lo tengono d'occhio. Lingue di gas molto caldo dette eruzioni e prominenze vengono spesso espulse dal Sole.

▼ Un anello di gas luminoso chiamato prominenza ❶ si allontana dal Sole. Le macchie solari ❷ sembrano scure perché sono più fredde del resto della superficie.

170 Dalla superficie del Sole fuoriescono costantemente particelle in tutte le direzioni. Questo fenomeno prende il nome di vento solare. A volte scoppia un'enorme esplosione di particelle, chiamata espulsione di massa coronale (CME). Se una di esse dovesse avvicinarsi alla Terra, potrebbe danneggiare i satelliti e persino le linee telefoniche ed elettriche. Le CME possono essere pericolose per gli astronauti nello Spazio.

171 Ci sono spesso delle macchie scure sul Sole. Corrispondono alle aree più fredde e sono chiamate macchie solari. Il loro numero varia nel tempo. Ogni 11 anni il loro numero aumenta fino a superare quota 100, dopodiché scende a pochissime unità, fino quasi ad azzerarsi.

◀ ❶ Gas evanescenti circondano il Sole (in blu) in questa immagine del veicolo spaziale *SOHO*. ❷ Il *SOHO* cattura un'espulsione di massa coronale proveniente dal Sole.

ATTENZIONE
Non guardare mai direttamente il Sole, soprattutto non attraverso un telescopio o un binocolo. È così luminoso che potrebbe farti male agli occhi e persino accecarti.

172 **Un veicolo spaziale chiamato *SOHO* osserva il Sole dal 1995.** Orbita tra la Terra e il Sole, inviando dati e immagini al nostro pianeta. Avverte dei cambiamenti nel vento solare e delle CME che potrebbero colpire la Terra, e ha individuato molte comete dirette contro il Sole.

173 **Il Sole sta perdendo peso!** Ogni secondo, circa 4,5 milioni di tonnellate del suo gas si trasformano in energia e fuoriescono come luce e calore. Il Sole è così grande che potrebbe continuare a perdere peso a questo ritmo per altri 5 miliardi di anni.

174 **Gli STEREO sono una coppia di veicoli spaziali che** osservano il Sole. Vi orbitano intorno, uno per ciascun lato della Terra, per ottenere una visione in 3D. Come il veicolo spaziale *SOHO*, sono alla ricerca di tempeste solari che potrebbero avere effetti sulla Terra. Le informazioni provenienti dai veicoli spaziali STEREO aiutano gli astronomi a capire la causa di queste tempeste.

▶ Questa illustrazione mostra i due STEREO poco dopo il loro lancio nel 2006. Si sono allontanati fino a posizionarsi su entrambi i lati della Terra.

Ai confini dell'Universo

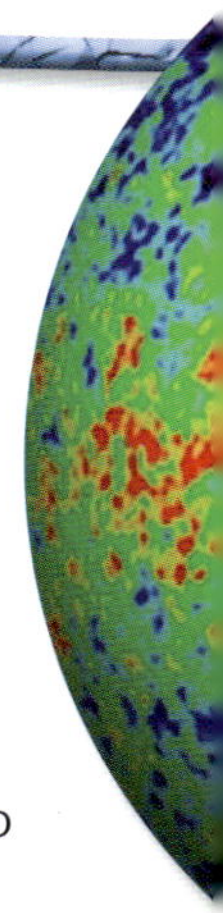

175 **Gli astronomi pensano che l'Universo sia iniziato con** un'enorme esplosione, il Big Bang. Sanno che le galassie lontane si stanno allontanando sempre di più, quindi l'Universo deve essere stato estremamente compresso in passato. Pensano che circa 13,7 miliardi di anni fa un'immensa esplosione abbia scagliato la materia ovunque.

176 **Quando gli astronomi guardano più lontano, vanno** anche indietro nel tempo. Questo perché la luce impiega del tempo per viaggiare attraverso le grandi distanze dello Spazio. La luce impiega più di quattro anni per raggiungere la Terra dalla seconda stella più vicina (dopo il Sole), quindi vediamo questa stella com'era quando la luce l'ha lasciata quattro anni fa. La luce può impiegare miliardi di anni per viaggiare da galassie lontane, pertanto gli astronomi stanno guardando l'Universo così com'era miliardi di anni fa.

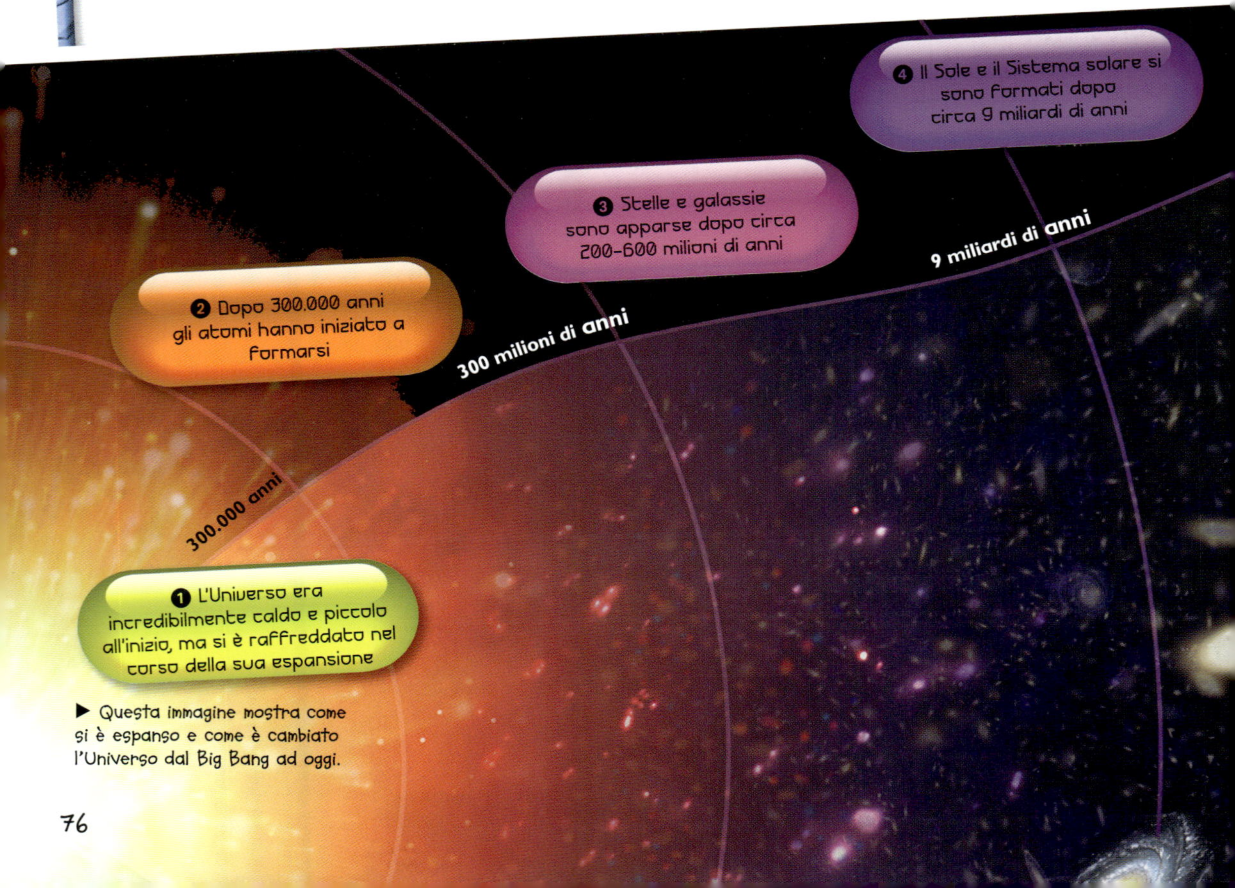

▶ Questa immagine mostra come si è espanso e come è cambiato l'Universo dal Big Bang ad oggi.

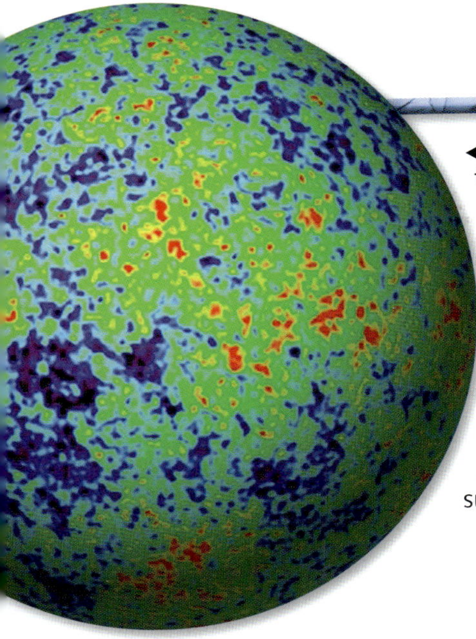

◀ Una mappa della radiazione cosmica di fondo mostra piccole differenze di temperatura: le aree rosse sono leggermente più calde e le aree blu più fredde.

177 **Gli astronomi hanno rilevato deboli radiazioni provenienti da ogni punto del cielo.** Questo fenomeno è chiamato radiazione cosmica di fondo. Rappresenta i resti della radiazione lasciata dall'esplosione del Big Bang e aiuta a provare che il Big Bang è realmente avvenuto. Gli astronomi inviano satelliti per mappare questa radiazione e scoprire di più sull'Universo quando era molto giovane.

▲ Queste galassie sono così lontane che le vediamo come erano miliardi di anni fa, quando l'Universo era molto più giovane.

178 **Gli astronomi usano i telescopi più grandi per individuare le galassie remote.** Non sanno quanto tempo dopo il Big Bang sono apparse le prime stelle e galassie e se erano diverse da quelle che vediamo oggi. Il telescopio spaziale Hubble ha scattato immagini di galassie lontane molto deboli, che mostrano agli astronomi com'era il primo Universo.

Da vicino

QUIZ

1. Quanti pianeti ha esplorato la sonda spaziale *Voyager 2*?
2. I rover *Spirit* e *Opportunity* hanno trovato acqua su Marte?
3. Come ha fatto la sonda spaziale *Magellano* a mappare Venere?

Risposte
1. Quattro 2. No, ma hanno trovato dei segni secondo i quali potrebbe esserci stata tempo fa
3. Ha usato il radar per „vedere" attraverso le nuvole

179 **I pianeti e la nostra Luna sono stati tutti esplorati da sonde spaziali.** Queste viaggiano nello Spazio con fotocamere e altri strumenti con cui raccogliere dati e immagini che inviano agli astronomi sulla Terra.

180 **Alcune sonde spaziali sorvolano i pianeti, raccogliendo informazioni.** La sonda spaziale *Voyager 2* ha sorvolato i quattro pianeti giganti (Giove, Saturno, Urano e Nettuno) tra il 1979 e il 1989. Gli astronomi ora sanno molto di più su questi pianeti grazie alle informazioni dettagliate e alle immagini inviate dalla *Voyager 2*.

VOYAGER 2

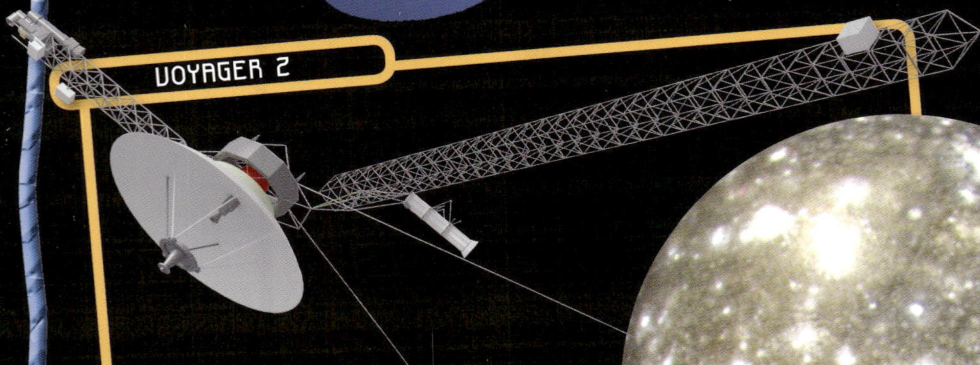

▶ La *Voyager 2* ha inviato questa foto di Callisto, una delle grandi lune di Giove.

Data di lancio: 20 agosto 1977
Missione: ha sorvolato Giove nel 1979, Saturno nel 1981, Urano nel 1986 e Nettuno nel 1989. Ora sta uscendo dal Sistema solare verso lo Spazio profondo.

181 **Le sonde spaziali orbitano intorno a un pianeta per studiarlo più a lungo.** *Cassini* è entrata in orbita intorno a Saturno trasportando una sonda più piccola, che è scesa su Titano per osservarne la superficie nascosta dalle nuvole. La sonda principale ha orbitato intorno a Saturno, studiando le sue lune e i suoi anelli.

182 **Venere è nascosto dalle nuvole, ma la sonda *Magellano* ha mappato la sua superficie** inviando segnali radio attraverso le nuvole che hanno rimbalzato sulla superficie. Ha poi raccolto il segnale di ritorno. Lo strumento utilizzato si chiama radar. Ha rivelato che Venere ha molti vulcani.

CASSINI

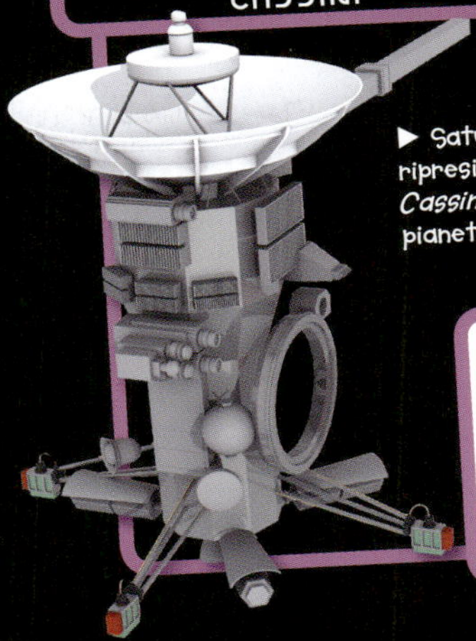

▶ Saturno e i suoi anelli, ripresi dal veicolo spaziale *Cassini* in avvicinamento al pianeta.

Data di lancio: 15 ottobre 1997
Missione: è arrivata su Saturno nel 2004. Dopo aver sganciato la sonda **Huygens** su Titano, la luna più grande di Saturno, è andata in orbita per esplorare Saturno, i suoi anelli e le sue lune.

183 **Alcune sonde atterrano sulla superficie di un pianeta.** Le sonde *Spirit* e *Opportunity* hanno esplorato quella di Marte. Si sono mosse lentamente, fermandosi per scattare foto e analizzare le rocce. Hanno scoperto che anche se Marte adesso è molto secco, un tempo c'era acqua sulla sua superficie.

SPIRIT E OPPORTUNITY

▲ Tra le molte rocce sparse nel polveroso paesaggio marziano, la *Spirit* ne ha trovata una che potrebbe essere precipitata dallo Spazio.

Data di lancio: 10 giugno 2003 (Spirit) e 7 luglio 2003 (Opportunity)
Missione: dopo l'atterraggio su Marte nel gennaio 2004, i due rover hanno attraversato la superficie analizzando rocce e suolo e inviando immagini e dati.

Astronomia domestica

184 Molte persone hanno l'hobby dell'astronomia. Servono vestiti caldi e un posto buio, lontano dalle luci delle strade e delle case, oltre a una notte chiara. Dopo circa mezz'ora, i tuoi occhi si adatteranno al buio e vedrai più stelle. Una mappa delle costellazioni ti aiuterà ad orientarti nel cielo notturno.

185 Il binocolo rivela ancora più stelle e mostra dettagli della Luna. È meglio guardare la Luna quando è mezza piena. I crateri, i punti dove le rocce si sono schiantate sulla Luna, appaiono lungo il bordo scuro al centro. Il binocolo mostra anche le lune di Giove come macchie di luce su o ai lati del pianeta.

186 I telescopi sono di solito più potenti dei binocoli e individuano anche le stelle più deboli. Mostrano inoltre maggiori dettagli delle deboli nubi di gas chiamate nebulose. Gli appassionati usano telescopi riflettori e rifrattori, montati su supporti per mantenerli fermi.

187 Una fotocamera può essere fissata a un telescopio per fotografare il cielo e può costruire un'immagine nel tempo se il telescopio si muove per seguire le stelle. Le immagini mostrano dettagli non visibili guardando attraverso i telescopi.

TROVA VENERE

Venere è il pianeta più luminoso e facile da individuare, è conosciuto come la "stella della sera". Guarda verso ovest al crepuscolo, subito dopo il tramonto. La prima "stella" luminosa ad apparire sarà spesso Venere.

▲ Nel 1997 la luminosa cometa Hale Bopp poteva essere vista facilmente anche senza telescopi o binocoli.

▼ Ogni anno a novembre, durante lo sciame meteorico delle Leonidi, gli astrofili si mettono in cerca di stelle cadenti!

188 **Le meteore appaiono come strisce di luce nel cielo.** Si formano quando minuscoli pezzi di roccia e polvere spaziale entrano nella nostra atmosfera e prendono fuoco. Diverse volte l'anno ci sono sciami di meteoriti in cui puoi vedere molte stelle cadenti. Si vedono anche senza un telescopio o un binocolo.

189 **Gli appassionati possono raccogliere informazioni utili per gli astronomi professionisti.** Sono spesso i primi ad avvistare una nuova cometa nel cielo. Le comete prendono il nome della persona che le ha scoperte e alcuni astronomi dilettanti si sono specializzati nel loro avvistamento. Altri osservano le stelle variabili e registrano i cambiamenti della loro luminosità.

▶ Un astronomo dilettante usa un binocolo per vedere le numerose stelle della Via Lattea.

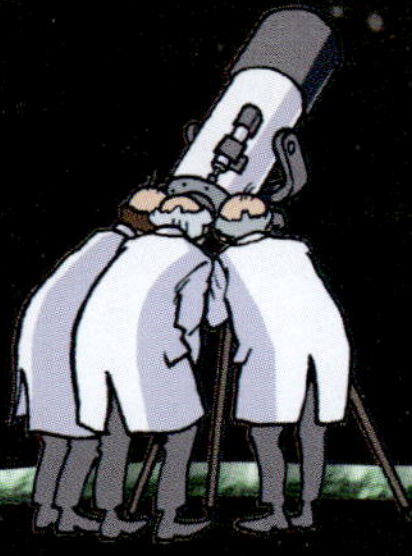

190 **Kepler è un nuovo satellite costruito appositamente per cercare stelle con pianeti dove potrebbe esserci la vita.** Finora, gli astronomi non hanno trovato tracce di vita in nessun'altra parte del Sistema solare. Kepler è stato lanciato nel 2009 e sta osservando le stelle per scoprire se qualcuna di esse ha dei pianeti come la Terra.

▶ Nel marzo 2009, un razzo *Delta II* ha lanciato il veicolo spaziale Kepler, a caccia di pianeti lontani.

NON CI CREDO!

Gli astronomi stanno progettando un nuovo radiotelescopio, da costruire in Australia o in Sudafrica. Si chiamerà Square Kilometre Array e sarà composto da almeno 3.000 radiotelescopi separati. La fase di costruzione si concluderà nel 2030.

191 **ALMA (abbreviazione di Atacama Large Millimetre Array) è un nuovo potente radiotelescopio costruito nel deserto di Atacama, in Cile.** Ha 66 antenne radio collegate tra loro per formare un unico enorme radiotelescopio e ha iniziato le osservazioni scientifiche nel 2011.

192 **Il telescopio spaziale James Webb dovrebbe sostituire il telescopio spaziale Hubble nel 2021.** Il suo specchio sarà largo 6,5 metri, quasi tre volte lo specchio principale di Hubble. Dato che non entrerà in un razzo, sarà composto da 18 specchi separati che si dispiegheranno e si incastreranno insieme direttamente nello Spazio.

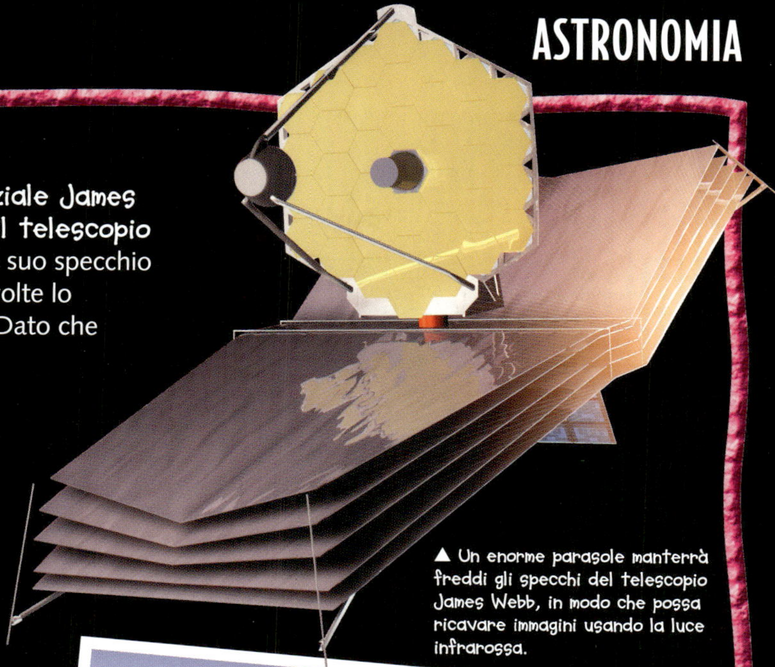

▲ Un enorme parasole manterrà freddi gli specchi del telescopio James Webb, in modo che possa ricavare immagini usando la luce infrarossa.

193 **Si stanno progettando diversi nuovi telescopi giganti.** Il Thirty Meter Telescope avrà uno specchio di 30 metri di diametro, circa la lunghezza di tre autobus a due piani. Sarà composto da 492 specchi più piccoli. Lo European Extremely Large Telescope avrà uno specchio ancora più grande, 42 metri di diametro, composto da 984 specchi separati.

▲ Una volta costruito nel deserto di Atacama, in Cile, lo European Extremely Large Telescope sarà il più grande telescopio ottico del mondo.

194 **Un nuovo satellite meteorologico ha iniziato a trasmettere immagini alla Terra.** Il GOES-16 (Geostationary Operational Environmental Satellite) è uno dei quattro nuovi satelliti e fornirà previsioni meteo e sulle tempeste più accurate.

ESPLORARE LO SPAZIO

195 **Per migliaia di anni gli esseri umani hanno ammirato il cielo notturno e si sono chiesti come sarebbe stato esplorare lo Spazio.** Questo sogno è diventato realtà circa 50 anni fa, e da allora l'uomo è stato sulla Luna, e veicoli spaziali senza equipaggio hanno visitato tutti i pianeti del Sistema solare. I veicoli spaziali hanno inoltre esplorato le lune di altri pianeti, asteroidi e comete lucenti. Queste sorprendenti scoperte ci aiutano a capire l'Universo.

▶ Il satellite INTEGRAL dell'ESA (lanciato nel 2002) viene dispiegato da un razzo Proton per osservare i raggi gamma invisibili nello Spazio. Dal 1957, sono stati inviati veicoli spaziali su tutti gli otto pianeti del Sistema solare, così come su oltre 50 tra lune, asteroidi e comete.

Chi esplora e perché?

196 **L'esplorazione dello Spazio comporta l'invio di veicoli,** robot, attrezzature e talvolta persone su pianeti, lune, asteroidi e comete. Alcuni veicoli spaziali volano vicino ai loro obiettivi, mentre altri vi atterrano. Durante l'esplorazione si raccolgono informazioni da inviare sulla Terra.

198 **La missione *Cassini-Huygens* diretta a Saturno è stata la più costosa di sempre.** È costata più di 3,3 miliardi di dollari, come 12 Airbus A380.

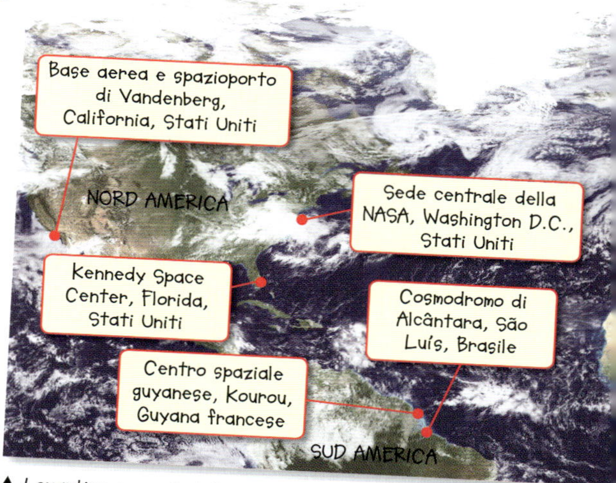

▲ I quartier generali delle missioni spaziali e i siti di lancio sono sparsi in tutto il mondo.

197 **L'esplorazione dello Spazio è diversa dalle altre scienze spaziali.** Per esempio, l'astronomia è lo studio degli oggetti spaziali, compresi i pianeti, le stelle e le galassie, così come l'Universo nel suo insieme. Molto avviene mediante telescopi, piuttosto che viaggiando nello Spazio.

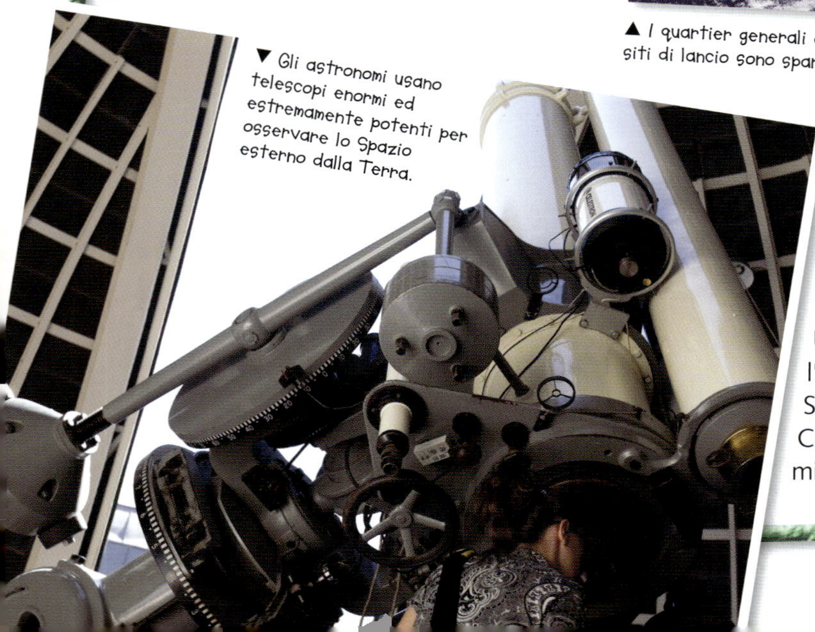

▼ Gli astronomi usano telescopi enormi ed estremamente potenti per osservare lo Spazio esterno dalla Terra.

199 **L'esplorazione dello Spazio è complessa e costosa.** Generalmente, solo le grandi nazioni, come gli Stati Uniti, la Russia, il Giappone e l'Europa, inviano veicoli nello Spazio. Recentemente, anche la Cina e l'India hanno lanciato missioni esplorative.

200 Inviare nello Spazio anche solo un piccolo veicolo costa molto.

La missione giapponese *Hayabusa* per raccogliere campioni della cometa Itokawa è iniziata nel 2003. È durata sette anni ed è costata circa 170 milioni di dollari. L'invio del lander *Phoenix* su Marte nel 2008 è stato ancora più costoso, con i suoi 450 milioni di dollari.

► Il veicolo spaziale *Hayabusa*, che ha raccolto campioni di una cometa, è decollato dal centro spaziale di Uchinoura, in Giappone, nel 2003. È tornato sulla Terra nel 2010, portando con sé campioni di polvere di cometa.

▼ Recenti osservazioni dello Spazio suggeriscono che vicino a stelle lontane potrebbero essersi formati dei pianeti composti da gas, polvere e roccia, simili al nostro Sistema solare.

201 Se i costi sono così elevati, perché esploriamo lo Spazio?

Esplorare l'ignoto fa parte da sempre della natura umana. L'esplorazione dello Spazio fornisce indizi che possono aiutarci a capire come si è formato l'Universo. I progressi nella tecnologia spaziale possono avere ripercussioni anche sulla Terra.

I primi esploratori

202 L'era spaziale ha inizio nel 1957, quando la Russia lancia Sputnik 1, il primo satellite in orbita intorno alla Terra. Era una navicella metallica a forma di sfera che poteva misurare la pressione e la temperatura e inviare segnali radio alla Terra.

▼ Il tracciamento dell'orbita dello Sputnik 1 ha mostrato come l'atmosfera superiore della Terra svanisca nello Spazio.

203 Nel 1958, gli Stati Uniti lanciarono il satellite Explorer 1. Mentre orbitava intorno alla Terra, rilevò due cinture a forma di ciambella composte da particelle ad alta energia, note come fasce di Van Allen. Possono danneggiare i veicoli spaziali e interferire con i segnali radio.

◀ Le fasce di Van Allen sono composte da particelle intrappolate dal campo magnetico naturale della Terra.

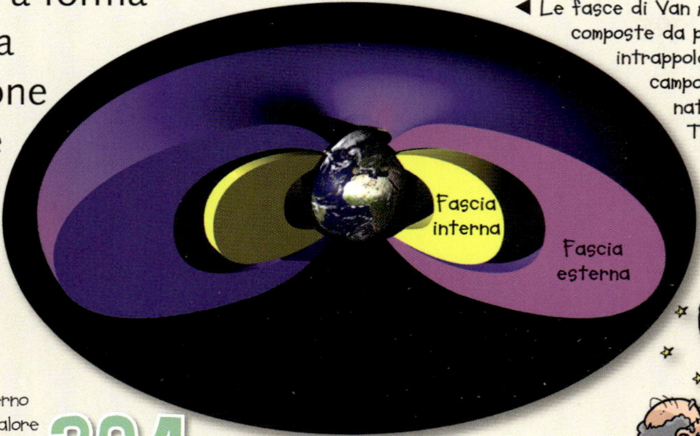

204 Nel 1959, la navicella russa *Luna 1* fa rotta verso la Luna, ma non vi arriva. In seguito, quello stesso anno, *Luna 2* si schianta volutamente sulla Luna, diventando il primo veicolo a raggiungere un altro mondo. Durante la sua discesa riesce a misurare la gravità e il magnetismo della Luna.

QUIZ

Le prime esplorazioni furono una "corsa allo Spazio" tra gli Stati Uniti e l'Unione Sovietica. Chi ha avuto queste "prime volte"?

1. Primo satellite nello Spazio
2. Prima persona nello Spazio
3. Prima navicella sulla Luna
4. Prima persona sulla Luna

Risposte
1, 2, 3–Russia 4–Stati Uniti

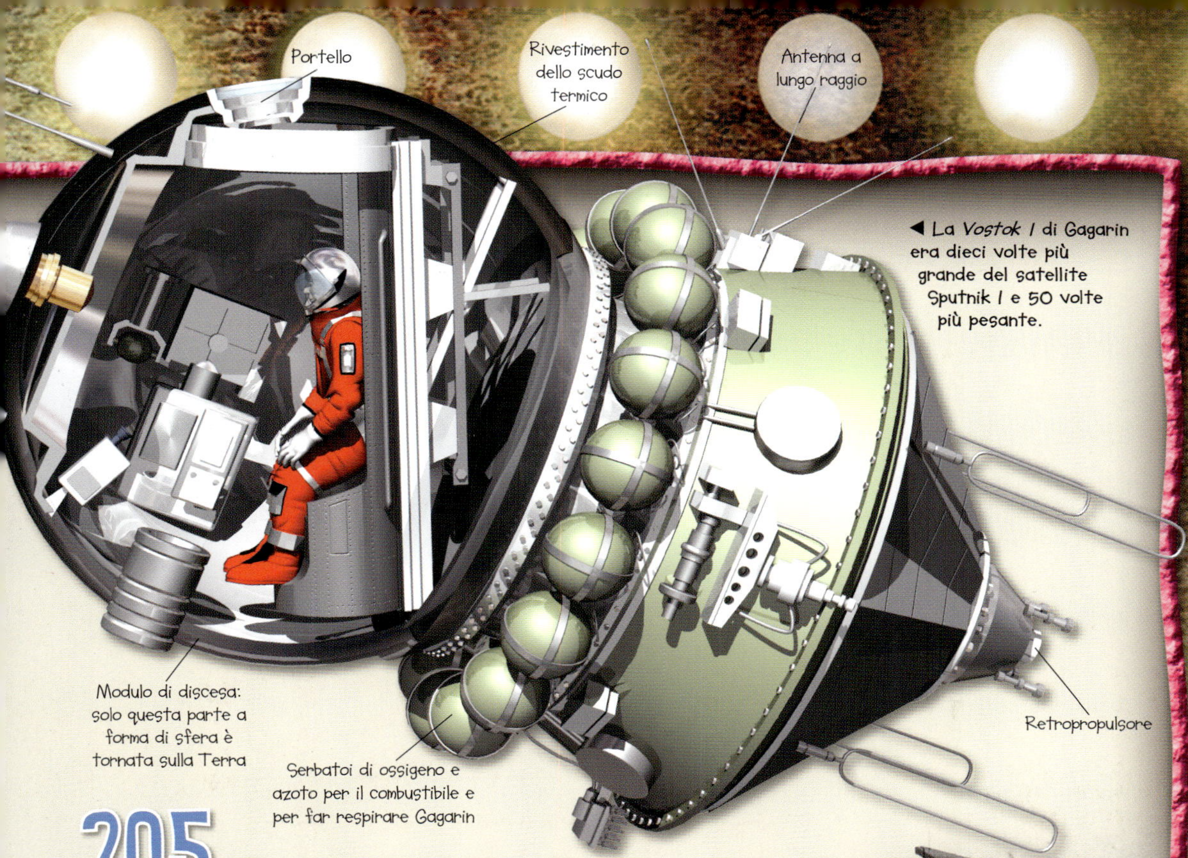

◀ La *Vostok 1* di Gagarin era dieci volte più grande del satellite Sputnik 1 e 50 volte più pesante.

205 **Il primo uomo nello Spazio fu il russo Jurij Gagarin.** Nel 1961 completò un'orbita della Terra a bordo del veicolo spaziale *Vostok 1*. La massima distanza da lui raggiunta nello Spazio fu di 326 km. Il viaggio di Gagarin fece notizia in tutto il mondo e dimostrò che l'uomo poteva sopravvivere nello spazio.

206 **Tra il 1966 e il 1968, gli Stati Uniti inviarono sette** Surveyor sulla Luna. Cinque riuscirono a completare un atterraggio morbido sulla superficie. Fu una tappa importante nella pianificazione della missione più elettrizzante e ambiziosa di tutte: inviare persone in un altro mondo.

▶ La *Surveyor 3* atterrò sulla Luna nell'aprile 1967. Venne fotografata dagli astronauti dell'*Apollo 12* nel novembre 1969.

L'uomo sulla Luna

207 **Gli unici esseri umani ad aver esplorato un altro mondo sono 12 astronauti statunitensi del** programma Apollo. Tra il 1969 e il 1972, sono atterrate sulla Luna sei missioni Apollo con due astronauti. I primi furono Neil Armstrong e Buzz Aldrin dell'*Apollo 11*, il 20 luglio 1969.

208 **Ogni lander lunare Apollo è atterrato su un diverso tipo di terreno.** Gli astronauti sono rimasti sulla Luna per tre o quattro giorni. Hanno esplorato, condotto esperimenti e raccolto campioni di polvere e rocce lunari da riportare sulla Terra.

209 **Le ultime tre missioni Apollo hanno coinvolto un rover lunare (LVR, Lunar Roving Vehicle).** Gli astronauti hanno guidato per circa 20 km, esplorando le colline, le valli, le pianure e i burroni della Luna.

210 **Dalle missioni Apollo, più di 50 veicoli spaziali senza equipaggio hanno orbitato o sono atterrati sulla Luna.** Nel 1994, l'orbiter statunitense *Clementine* ha scattato molte fotografie e realizzato misurazioni della gravità e mappe dettagliate della superficie lunare.

◀ James Irwin, pilota del modulo lunare *Apollo 15*, saluta la bandiera degli Stati Uniti e il suo comandante David Scott, nel 1971. Il modulo lunare è alle sue spalle mentre il rover lunare è sulla destra.

MISSIONE	DATA	EQUIPAGGIO	RISULTATO
Apollo 11	Luglio 1969	Neil Armstrong (C) Buzz Aldrin (LMP) Michael Collins (CMP)	I primi esseri umani su un altro mondo
Apollo 12	Novembre 1969	Pete Conrad (C) Alan Bean (LMP) Richard Gordon (CMP)	Le prime immagini televisive a colori della Luna giungono sulla Terra
Apollo 13	Aprile 1970	James Lovell (C) Fred Haise (LMP) Jack Swigert (CMP)	*L'Apollo 13* deve rientrare dopo il lancio per un'esplosione. Non raggiungerà mai la Luna, ma tornerà sano e salvo sulla Terra.
Apollo 14	Gennaio-febbraio 1971	Alan Shepard (C) Edgar Mitchell (LMP) Stuart Roosa (CMP)	Le più lunghe passeggiate sulla Luna in tute spaziali avanzate
Apollo 15	Luglio-agosto 1971	David Scott (C) James Irwin (LMP) Alfred Worden (CMP)	L'utilizzo di un rover lunare permette agli astronauti di esplorare un territorio più ampio
Apollo 16	Aprile 1972	John Young (C) Charles Duke (LMP) Thomas Mattingly (CMP)	Prima e unica missione ad atterrare negli altipiani della Luna
Apollo 17	Dicembre 1972	Eugene Cernan (C) Harrison Schmitt (LMP) Ronald Evans (CMP)	Raccolta record di 49 kg di campioni di roccia e polvere

211 **Nel 2009, l'orbiter *Lunar Reconnaissance* ha iniziato** a mappare in dettaglio la superficie della Luna. Le sue immagini hanno mostrato parti del veicolo Apollo lasciate dagli astronauti. Nello stesso anno l'orbiter indiano *Chandrayaan 1* ha scoperto del ghiaccio sulla Luna.

◀ In ogni missione, il comandante (C) e il pilota del modulo lunare (LMP) atterrano sulla Luna, mentre il pilota del modulo di comando (CMP) rimane nella navicella orbitante.

Pianificare e preparare

▲ Nel 1961 l'ingegnere spaziale statunitense John Houbolt sviluppò l'idea di utilizzare un veicolo spaziale composto da tre parti per le missioni lunari Apollo.

212 La pianificazione di una missione richiede molti anni. Gli scienziati suggeriscono i luoghi da esplorare, le possibili scoperte e il costo. I loro governi devono dare l'ok perché la missione vada avanti.

213 Ci sono molti tipi di missioni esplorative. Un sorvolo porta la navicella vicino al suo mondo di destinazione, e oltre. Un orbiter gira intorno all'obiettivo. Una missione lander tocca la superficie. Un lander può rilasciare un rover per esplorarla.

▲ Per i mondi dotati di atmosfera, i paracadute consentono di far atterrare un lander delicatamente. Questo progetto di paracadute per una missione prevista su Marte viene testato nella galleria del vento più grande del mondo, in California.

214 Le posizioni sempre mutevoli della Terra e di altri oggetti nello Spazio fanno sì che ci sia sempre una "finestra di lancio" per ogni missione, cioè il momento in cui la Terra è nella posizione migliore perché un veicolo spaziale raggiunga l'obiettivo nel minor tempo. Se si perde la finestra, le distanze possono diventare incolmabili.

▼ Il veicolo spaziale *New Horizons* viene assemblato e valutato in condizioni di perfetta pulizia e assenza di polvere prima del lancio verso Plutone nel 2006.

215 Nello Spazio, le riparazioni sono difficili. I mezzi di esplorazione devono essere affidabili, con una tecnologia testata. Ogni componente ha un ricambio, e se si rompesse anche quello non dovrebbe influenzare le altre parti.

216 **Un veicolo spaziale deve essere in grado di affrontare le** condizioni nello Spazio e su altri mondi. Nello Spazio fa freddo, e pianeti come Venere sono più caldi dell'acqua bollente. Altri pianeti presentano dei pericoli come nuvole fatte di minuscole gocce di acido.

217 **Un sottomarino robot chiamato *Endurance*** potrebbe un giorno esplorare gli oceani su pianeti o lune lontane. È stato testato in laghi ghiacciati in Antartide e in pozze quasi bollenti in Nuova Zelanda.

► Il veicolo spaziale *Galileo* è stato testato con una luce ultra-luminosa dello stesso livello a cui sarebbe stato sottoposto avvicinandosi al Sole nel 1990 durante il viaggio verso Giove.

218 **Una versione di prova del veicolo** spaziale è testata sulla Terra. In caso di successo, il vero veicolo spaziale è costruito in condizioni rigorose. Una vite allentata può causare un disastro.

Decollo!

219 **Un veicolo spaziale viene lanciato nello Spazio dal suo veicolo di lancio, o razzo,** l'unica macchina abbastanza potente da raggiungere la "velocità di fuga", necessaria per liberarsi dalla forza di gravità della Terra. Di solito il veicolo spaziale è ripiegato nell'estremità conica anteriore del razzo.

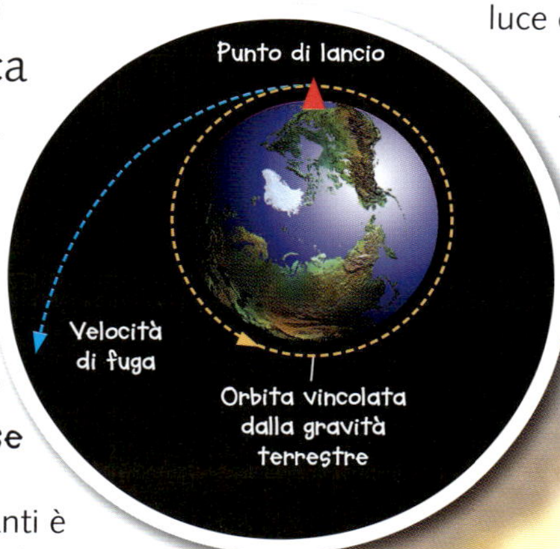

◄ I veicoli di lancio devono raggiungere rapidamente la velocità di fuga – 11.200 metri al secondo – per sottrarsi all'attrazione gravitazionale della Terra.

220 **Le dimensioni dei razzi variano in base** a quelle dei veicoli spaziali. Una delle missioni più pesanti è stata la *Cassini-Huygens* diretta su Saturno. Al suo lancio nel 1997, con tutto il combustibile e le attrezzature a bordo, pesava 6 tonnellate, circa quanto uno scuolabus. Ci fu bisogno di un enorme lanciatore, *Titan IV*, per spingere la sonda nello Spazio.

221 **I veicoli spaziali e altri oggetti trasportati** dal razzo sono chiamati "carico utile". La maggior parte dei razzi portano il loro carico utile in orbita intorno alla Terra. L'estremità conica anteriore si apre per liberare il veicolo conservato all'interno. Parti di esso si dispiegano, come i pannelli solari che trasformano la luce del Sole in elettricità.

▲ I lanciatori più grandi erano i razzi *Saturn V* a tre stadi utilizzati per lanciare le missioni Apollo. Ogni stadio si staccava dopo aver consumato il proprio combustibile.

▶ Il lanciatore *Ariane 5* europeo ha un motore a razzo principale e due razzi ausiliari. I razzi ausiliari bruciano per i primi 129 secondi, poi si staccano.

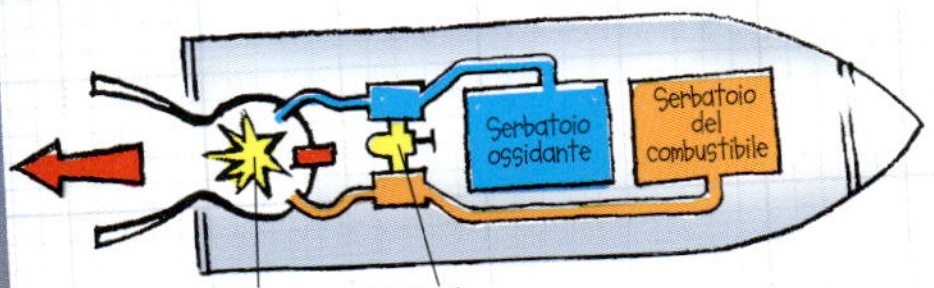

▲ I motori a razzo a combustibile liquido hanno un serbatoio di combustibile liquido e un serbatoio di ossigeno liquido o un prodotto chimico ricco di ossigeno. Quando i due si mescolano e si infiammano, bruciano e creano la spinta.

TERZO STADIO (S-IVB)

Il terzo stadio era alto 17,8 metri e largo 6,6 metri. Aveva un singolo motore J-2 (come quelli del secondo stadio).

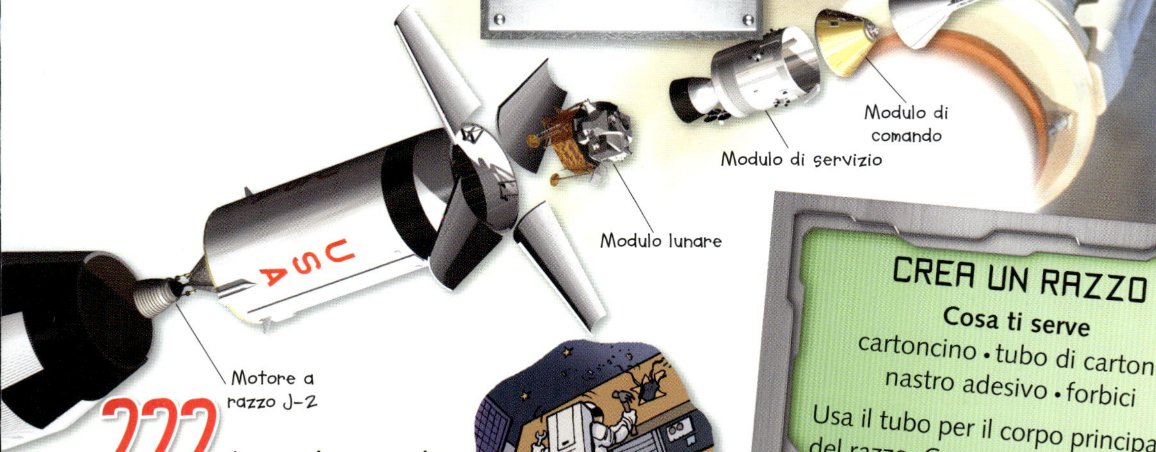

222 **I veicoli spaziali vengono testati mentre sono in** orbita intorno alla Terra, per controllare che i motori, le fotocamere, le comunicazioni radio e le altre parti funzionino. Se c'è un problema, si invia una missione di riparazione con o senza equipaggio. Se tutto è in ordine, il veicolo spaziale può allontanarsi dalla Terra per iniziare il suo lungo viaggio.

CREA UN RAZZO

Cosa ti serve

cartoncino • tubo di cartone
nastro adesivo • forbici

Usa il tubo per il corpo principale del razzo. Crea un cono con un cartoncino e attaccalo a una estremità. In un luogo sicuro, "lancia" il razzo dandogli un'angolazione. Cadrà in modo scomposto. Aggiungi delle alette incollando 4 grandi triangoli di cartoncino alla base, volerà con una traiettoria molto più regolare.

Nello Spazio profondo

223 **I veicoli spaziali viaggiano per** anni, verso le proprie destinazioni. Il viaggio più rapido verso Marte, quello del *Mars Express* nel 2003, è durato sei mesi. Il *Pioneer 10* ha impiegato 11 anni per raggiungere Nettuno nel 1983.

224 **Il veicolo spaziale *Deep Space 1* è stato lanciato nel 2001** per esplorare asteroidi e comete. Il suo serbatoio era grande come una valigetta, eppure il combustibile è durato per più di tre anni.

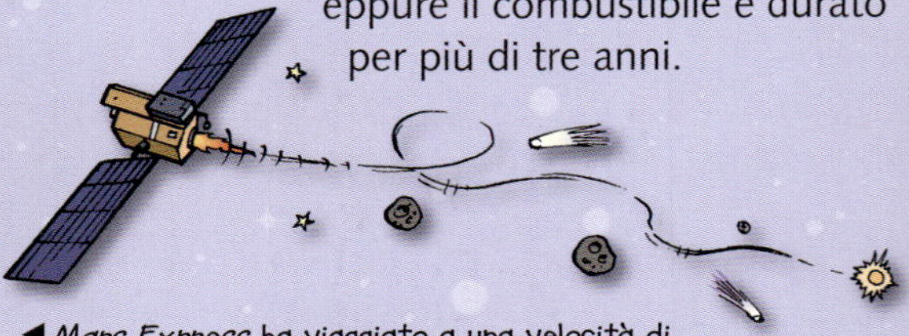

◀ *Mars Express* ha viaggiato a una velocità di 10.800 km all'ora verso Marte.

225 **Mantenere il veicolo sulla sua rotta è vitale.** Un piccolo errore significherebbe mancare l'obiettivo di milioni di chilometri. I controllori di volo sulla Terra verificano la posizione di un veicolo con segnali radio utilizzando il Deep Space Network (DSN). Il DSN è composto da tre enormi riflettori parabolici situati in California, a Madrid e a Canberra.

▼ Questo propulsore ionico viene testato in una camera a vuoto. Il bagliore blu è il fascio di atomi carichi espulsi dal motore.

226 **I veicoli spaziali richiedono piccoli motori perché non c'è** aria nello Spazio a rallentarli. A seconda della durata del viaggio, vengono utilizzati diversi tipi di motori e combustibili. I propulsori ionici sfruttano il magnetismo prodotto dall'elettricità per scagliare all'indietro minuscole particelle, chiamate ioni, così da spingere il veicolo in avanti.

◀ Delle antenne a forma di ciotola, come quelle del *New Horizons*, scambiano segnali radio da e verso la Terra.

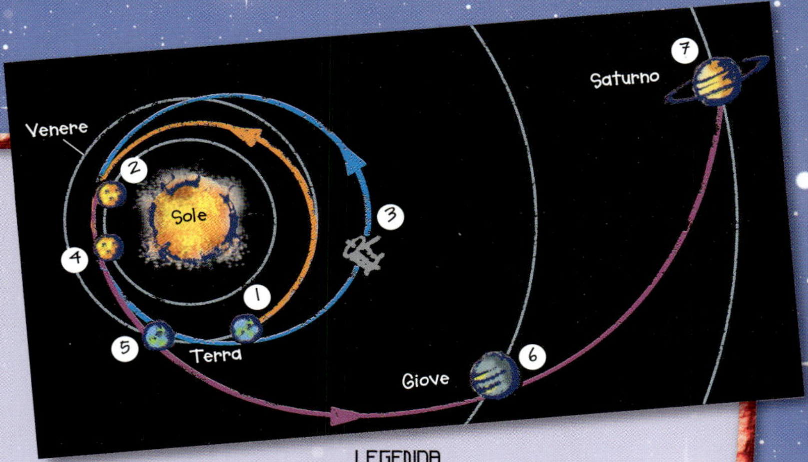

▲ Il viaggio della sonda *Cassini-Huygens* ha comportato quattro fionde gravitazionali. Le tappe principali sono state: dal lancio al primo sorvolo di Venere (arancione), secondo sorvolo di Venere (blu), e sorvolo della Terra, oltre Giove fino a Saturno (viola).

LEGENDA

1. Ottobre 1997 Lancio dalla Terra
2. Aprile 1998 Primo sorvolo di Venere
3. Dicembre 1998 Il motore si accende per 90 minuti per tornare su Venere
4. Giugno 1999 Secondo sorvolo di Venere
5. Agosto 1999 Sorvolo Terra-Luna
6. Dicembre 2000 Sorvolo di Giove
7. Luglio 2004 Arrivo in orbita attorno a Saturno

227 I veicoli passano spesso

davanti ad altri pianeti o lune, durante i loro viaggi, che con la loro attrazione gravitazionale possono mandare un veicolo fuori rotta. Ma la gravità di un pianeta può essere sfruttata per spingerlo in una nuova direzione e risparmiare combustibile. È la tecnica della "fionda gravitazionale"

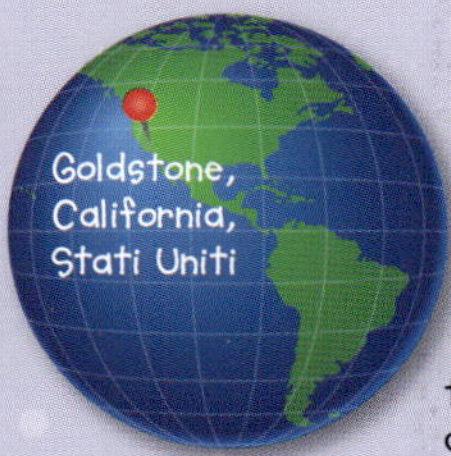

◀ ▼ I tre siti del Deep Space Network sono posizionati a distanze uguali intorno alla Terra, con 120 gradi di differenza tra di loro, in modo da compiere un giro di 360 gradi.

▶ L'antenna del Deep Space Network a Goldstone, vicino a Barstow, in California, ha un diametro di 70 metri.

228 Per lunghi periodi, gran parte delle attrezzature

di un veicolo resta spenta per risparmiare elettricità. È come un animale che va in letargo in inverno o un cellulare in stand-by. Rimangono attivi solo alcuni sistemi vitali, come la navigazione.

Pronti a esplorare

229 Quando il veicolo si avvicina al suo obiettivo, i sistemi si accendono e "prendono vita". I controllori sulla Terra testano le comunicazioni radio del veicolo e altre attrezzature. A queste enormi distanze, i segnali radio possono impiegare minuti, se non ore, per giungere a destinazione.

230 Tra i dispositivi più importanti a bordo di un veicolo ci sono le fotocamere. Alcune funzionano come telescopi per scattare foto ravvicinate o ingrandite di una piccola area. Altre sono fotocamere grandangolari, che catturano un'area molto più grande senza ingrandire.

231 Altri tipi di fotocamere possono "vedere" tipi di onde invisibili all'occhio umano. Ad esempio raggi infrarossi o termici, raggi ultravioletti, onde radio e raggi X. Questi raggi e onde forniscono informazioni sul mondo da raggiungere, ad esempio quanto è caldo o freddo.

▼ Questa foto del cratere Victoria, largo 730 metri, è stata scattata dalla fotocamera ad alta risoluzione del *Mars Reconnaissance Orbiter* e mostra dettagli sorprendenti.

QUIZ

I veicoli spaziali hanno molti dispositivi, ma pochi microfoni per rilevare i suoni. Perché?

A. La possibilità di incontrare alieni che urlano è molto scarsa.

B. Le onde sonore non viaggiano attraverso il vuoto dello Spazio.

C. È difficile trasformare le onde sonore in segnali radio.

Risposta
B

232 **I magnetometri rilevano i campi magnetici, che esistono naturalmente intorno ad** alcuni pianeti, compresa la Terra. I gravitometri misurano l'attrazione della forza di gravità dell'oggetto da raggiungere. Ciò è particolarmente importante nella fase finale del viaggio: l'atterraggio. Alcuni veicoli spaziali sono inoltre dotati di collettori di polvere spaziale.

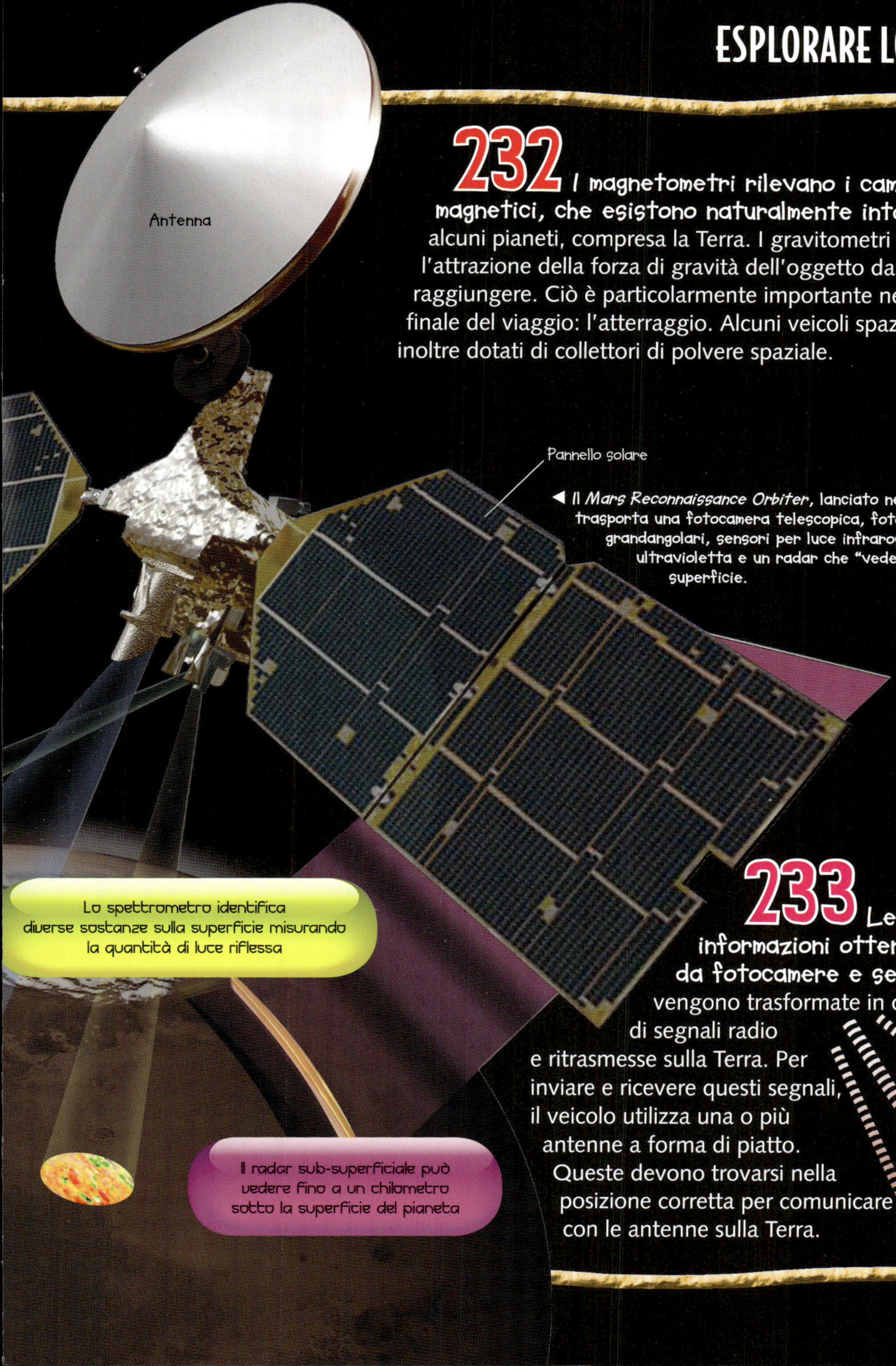

◀ Il *Mars Reconnaissance Orbiter*, lanciato nel 2005, trasporta una fotocamera telescopica, fotocamere grandangolari, sensori per luce infrarossa e ultravioletta e un radar che "vede" sotto la superficie.

233 **Le informazioni ottenute da fotocamere e sensori** vengono trasformate in codici di segnali radio e ritrasmesse sulla Terra. Per inviare e ricevere questi segnali, il veicolo utilizza una o più antenne a forma di piatto. Queste devono trovarsi nella posizione corretta per comunicare con le antenne sulla Terra.

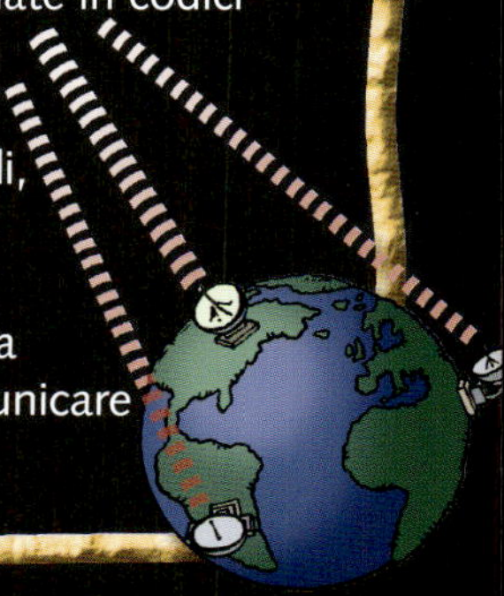

Sorvolo... in volo!

234 **In una missione di sorvolo, un veicolo spaziale si avvicina al suo obiettivo.** Non orbita attorno ad esso né vi atterra, prosegue il volo e si allontana nello Spazio profondo. Alcuni sorvoli fanno parte di missioni più lunghe verso destinazioni ancora più lontane. In questi casi il sorvolo può coinvolgere anche l'assistenza gravitazionale.

235 **Un veicolo di sorvolo può passare più volte davanti alla sua** destinazione compiendo un percorso lungo e obliquo, prima di ripartire. Ogni passaggio fornisce una visione diversa dell'oggetto da raggiungere. Le fotocamere, i sensori e le altre attrezzature del veicolo si accendono per scattare foto ed eseguire misurazioni, poi si spengono di nuovo quando il veicolo si allontana.

236 **Il *Voyager 2* si è dimostrato un eccellente veicolo di** sorvolo. Ha realizzato un "Grand Tour" dei quattro pianeti più esterni, opportunamente allineati solo una volta ogni 175 anni. Il *Voyager 2* è decollato nel 1977 e ha superato Giove nel 1979, Saturno nel 1981, Urano nel 1986 e Nettuno nel 1989. Questo veicolo sta ancora inviando informazioni da una distanza doppia rispetto a quella di Plutone dalla Terra.

NON CI CREDO!

Quando il *Pioneer 11* ha raggiunto i 43.000 km di distanza da Giove nel 1974, ha effettuato il sorvolo più veloce di sempre a 50 km al secondo.

◀ Il disco d'oro del *Voyager 2* (simile a un vecchio disco in vinile) è fissato al suo corpo principale. Contiene suoni e immagini della Terra destinati a eventuali alieni.

NETTUNO

Sorvolo il 25 agosto 1989

URANO

Sorvolo il 24 gennaio 1986

▶ Il *Voyager 2* ha compiuto il più grande tour del Sistema Solare. Resta l'unico veicolo spaziale ad aver volato vicino a Urano e Nettuno.

SATURNO

Sorvolo il 25 agosto 1981

▼ Una fotografia termica scattata da una distanza di 4.800 km mostra la coda della cometa Borrelly.

237 Nel 2001, dopo aver esplorato l'asteroide Braille, la *Deep Space 1* ha superato la cometa Borrelly a 16 km al secondo! Alla sua massima vicinanza, il veicolo si trovava a soli 2.200 km dal centro solido della cometa, grande come il monte Everest. Le fotocamere della *Deep Space 1* hanno scattato più di 30 foto prima che il veicolo venisse spento.

▲ Il corpo principale della *Deep Space 1* aveva circa le dimensioni di un grande letto matrimoniale.

In orbita

238 **In molte missioni di esplorazione il veicolo è progettato per orbitare intorno al pianeta di** destinazione. Tali veicoli sono chiamati orbiter, e danno una panoramica molto più prolungata e ravvicinata rispetto a una missione di sorvolo.

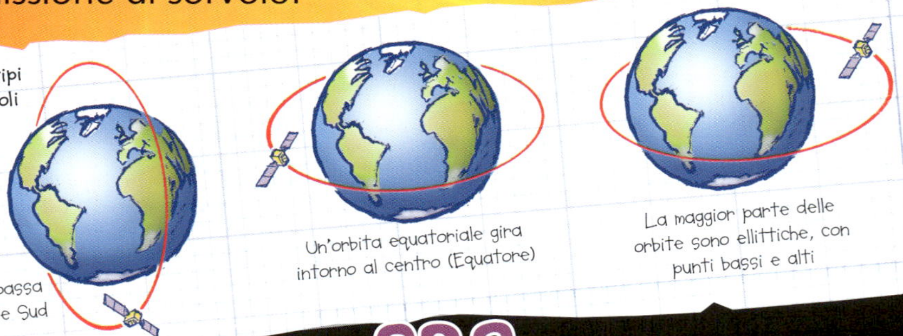

▶ Ci sono diversi tipi di orbite che i veicoli possono compiere intorno ai loro obiettivi. Qui, sono mostrate intorno alla Terra.

Un'orbita polare passa sopra i Poli Nord e Sud

Un'orbita equatoriale gira intorno al centro (Equatore)

La maggior parte delle orbite sono ellittiche, con punti bassi e alti

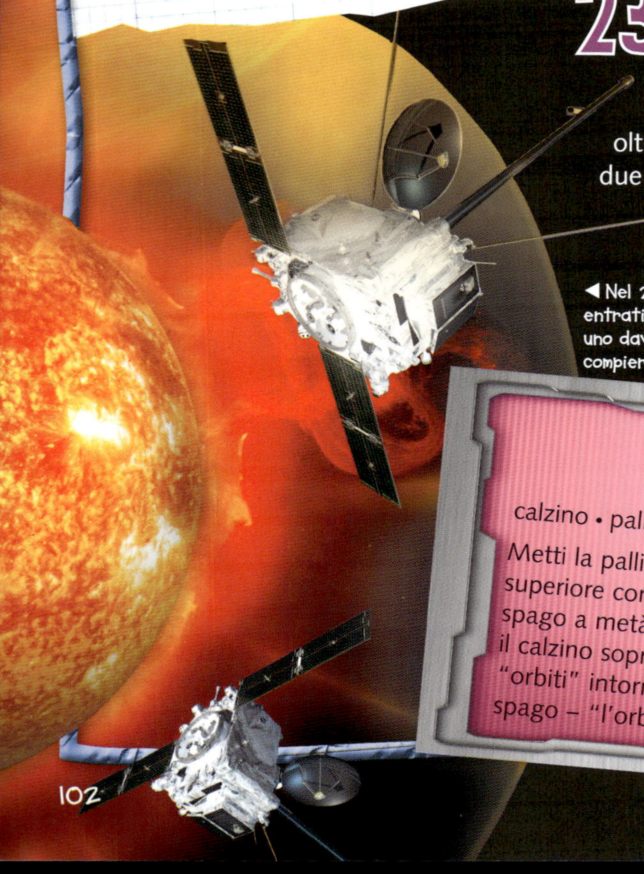

239 **Una delle orbite più ellittiche è stata compiuta dal *Mars Global*** Surveyor. Alla sua massima vicinanza, ha oltrepassato Marte a una distanza di 171 km, due volte per ogni orbita. La distanza più lontana del veicolo è stata di oltre dieci volte maggiore.

◀ Nel 2006, due veicoli gemelli STEREO sono entrati in orbita attorno al Sole. Posizionandone uno davanti e uno dietro la Terra, è stato possibile compiere le prime osservazioni in 3D del Sole.

ORBITER

Cosa ti serve

calzino • pallina da tennis • spago (un metro)

Metti la pallina nel calzino e lega la parte superiore con dello spago. Esci. Tenendo lo spago a metà della sua lunghezza, fai girare il calzino sopra la testa in modo che ti "orbiti" intorno. Allunga gradualmente lo spago – "l'orbita" richiede più tempo?

DIONE

Durante le sue orbite di Saturno, Cassini ha superato Dione, la quindicesima luna più grande di Saturno. Saturno può essere visto a distanza.

240 **L'orbiter *Cassini*, parte del progetto *Cassini-Huygens*, ha dovuto** fare i conti con molti cambiamenti di orbita intorno a Saturno. Alcuni l'hanno avvicinato al pianeta principale, mentre altri lo hanno fatto passare vicino ai suoi anelli. Altre orbite l'hanno portato oltre Titano, la luna più grande di Saturno, e le sue lune più piccole, tra cui Encelado, Giapeto e Mimas.

241 **Il radar di un veicolo spaziale controlla la sua altezza media sopra la superficie.** I segnali radio o a microonde arrivano sulla superficie e rimbalzano indietro. Il tempo che impiegano segnala al veicolo quanto è lontana. Misure radar più dettagliate mappano la superficie molto più in profondità.

▶ *Mars Global Surveyor* è stata di 378 km. Ha mappato l'intera superficie marziana.

242 **Uno spettrometro analizza i diversi colori delle onde** luminose. Diverse sostanze chimiche emettono o riflettono certi colori della luce meglio di altri. Leggendo questi valori, lo spettrometro può capire quali sostanze sono presenti nell'atmosfera di un pianeta o sulla sua superficie.

243 **L'orbiter controlla e regola continuamente altezza e posizione. Lo fa tramite** *piccoli* sbuffi di gas espulsi dai propulsori, che impediscono al veicolo di perdere velocità e di schiantarsi sulla superficie.

Lander e impattatori

244 **Alcune missioni hanno dei lander che toccano la superficie** del loro pianeta di destinazione. Una parte del veicolo spaziale può staccarsi e atterrare, mentre l'altra rimane in orbita, oppure può atterrare l'intero veicolo spaziale.

▶ *I successivi lander del programma russo Venera (1961–1983) hanno usato dei paracadute per rallentare la discesa nell'atmosfera densa, calda e nuvolosa di Venere.*

245 **L'avvicinamento alla superficie può essere** pericoloso. Se il pianeta ha un'atmosfera (uno strato di gas che lo circonda) ci possono essere forti venti che potrebbero portare il lander fuori rotta. Se l'atmosfera è densa, sul veicolo può essere applicata un'enorme pressione.

246 **Se è presente un'atmosfera, il lander può usare dei paracadute, oppure** gonfiare palloni o airbag, per rallentare la velocità. Durante la missione *Cassini-Huygens*, il lander *Huygens* ha usato due paracadute per l'atterraggio su Titano, la luna di Saturno.

247 **Se non c'è atmosfera, si utilizzano i retropropulsori per** rallentare il veicolo. Questi dispositivi emettono sbuffi di gas nel senso di marcia. La maggior parte dei lander ha un involucro solido ed elastico per resistere all'impatto con la superficie, o lunghe gambe a molla per attutire l'impatto.

▲ Una fotografia scattata dal *Deep Impact* 67 secondi dopo che il suo impattatore si è schiantato contro la cometa Tempel 1 mostra del materiale che viene scagliato fuori.

▲ Questa immagine mostra come i pannelli solari del *Beagle 2* siano progettati per ripiegarsi. Tuttavia, il contatto con il lander si è interrotto poco dopo il distacco dal suo orbiter nel 2003.

248 Dopo l'atterraggio, i pannelli solari del lander e altre parti si

ripiegano. L'equipaggiamento e i sistemi si accendono, e vengono testate le comunicazioni radio con l'orbiter e a volte direttamente con la Terra.

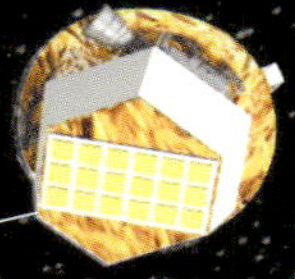

249 Alcuni veicoli sono progettati per schiantarsi contro l'obiettivo, per questo

prendono il nome di impattatori. Lo schianto viene osservato dall'orbiter e potenzialmente anche dai controllori sulla Terra. La polvere, le rocce e i gas emessi dall'impatto forniscono preziose informazioni sull'obiettivo.

▶ Nel 2005, il *Deep Impact* ha rilasciato il suo impattatore, lo ha visto colpire la cometa Tempel 1 e ha studiato il cratere risultante.

◀ Il lander *Mars Pathfinder* in fase di collaudo sulla Terra. Ha usato un paracadute, retropropulsori e svariati airbag per atterrare su Marte.

Rover robotici

250 **Dopo l'atterraggio, alcuni lander rilasciano piccoli veicoli robotici chiamati** rover. Sono dotati di ruote e motori in modo da potersi muovere sulla superficie per esplorarla. Finora i rover hanno esplorato la Luna e Marte.

▶ Negli anni Settanta la Russia ha inviato sulla Luna due rover, *Lunochod 1* e 2. Ognuno era grande come un'enorme vasca da bagno, pesava quasi una tonnellata e aveva otto ruote azionate da motori elettrici.

QUIZ

Da cosa hanno preso il nome i rover *Spirit* e *Opportunity*?

1. Sono scelti a caso.
2. Sono nomi scelti da un gruppo di esperti dello Spazio.
3. Scelti da una bambina di 9 anni che ha vinto un concorso.

Risposte
3. La studentessa americana di origine siberiana Sofi Collis ha vinto il concorso "Name the Rovers" nel 2003

251 **I rover moderni sono perlopiù robotici e autocontrollati tramite computer di bordo.** Ciò è dovuto al ritardo dei segnali radio. Anche quando la Terra e Marte sono alla loro minima distanza l'uno dall'altro, i segnali radio impiegano più di tre minuti per viaggiare in una direzione. Un rover guidato a distanza dalla Terra, potrebbe cadere in un burrone molto prima che le sue telecamere di bordo ne trasmettano le immagini.

252 I rover sono progettati e testati per sopravvivere alle

condizioni del loro pianeta di destinazione. Gli scienziati conoscono queste condizioni grazie alle informazioni raccolte dalle osservazioni sulla Terra e dalle missioni precedenti. I rover vengono testati su paesaggi estremi sulla Terra per assicurarsi che possano operare su terreni difficili.

▲ Un prototipo di un nuovo rover destinato a Marte, qui testato sulle rocce scivolose di una spiaggia del Galles.

253 I rover *Spirit* e *Opportunity* sono atterrati su Marte

nel 2004. Erano dotati di telecamere che permettevano loro di aggirare gli ostacoli. Le telecamere termiche hanno rilevato i livelli di calore assorbiti dalle rocce, fornendo indizi sulla loro composizione. Microscopi e magneti a bordo hanno raccolto e studiato particelle di polvere contenenti ferro.

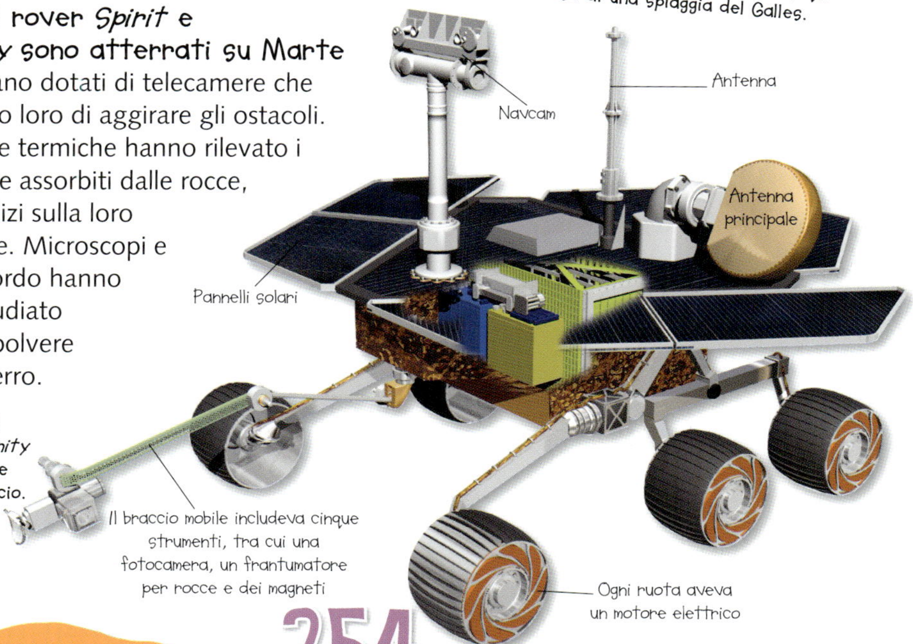

▶ I rover gemelli *Spirit* e *Opportunity* erano grandi come scrivanie da ufficio.

254 È stato previsto un rover per Venere,

ma la temperatura del pianeta supera i 400 °C. La plastica e alcuni metalli si fonderebbero. Un rover destinato a Venere dovrebbe essere realizzato in metalli come il titanio, con alti punti di fusione. I suoi circuiti interni dovrebbero essere continuamente raffreddati.

Uno sguardo da vicino

▶ Alla fine degli anni Settanta i due lander Viking degli Stati Uniti hanno fotografato i loro bracci robotici di campionamento che scavavano la superficie di Marte.

255 **Alcuni lander e rover hanno bracci robotici che si estendono dal** corpo principale. Questi scavano o perforano la superficie per raccogliere campioni, che vengono poi testati nel laboratorio scientifico del veicolo. I campioni sono analizzati per rilevare reazioni chimiche, come la formazione di bolle o il cambiamento di colore.

256 **La maggior parte dei rover ha sei ruote.** Questo design permette loro di muoversi rapidamente intorno agli angoli stretti, senza ribaltarsi. Ogni ruota ha un motore elettrico, alimentato da batterie ricaricate dai pannelli solari. Se le batterie si scaricano, il rover "dorme" fino a quando la luce del Sole non le ricarica.

◀ I rover di Marte *Spirit* e *Opportunity* erano entrambi dotati di uno strumento di frantumazione della roccia. Lo usavano per frantumare le rocce e raccogliere campioni di polvere.

257 **Il lander *Phoenix* sceso su Marte aveva diversi dispositivi posti** sul braccio robotico per misurare le caratteristiche del suolo marziano. Misurava quanto facilmente conduceva calore ed elettricità, e se conteneva qualche liquido. Il *Phoenix* disponeva anche di microscopi per una visione ultra-ravvicinata dei campioni superficiali.

258 **Un trapano del rover sfrutta il calore per fondere o bruciare un foro,** il che potrebbe rivelarsi utile sui pianeti ghiacciati. Un rover termico può anche farsi strada fondendo il ghiaccio, forse fino all'acqua sottostante, in cerca di vita aliena.

259 **La maggior parte dei lander e dei rover sono dotati di mini stazioni** meteorologiche. I sensori misurano temperatura e pressione durante il giorno e la notte e registrano la luminosità del Sole. Raccolgono anche campioni di gas in presenza di un'atmosfera, e registrano il clima, come la presenza di vento e di tempeste di polvere.

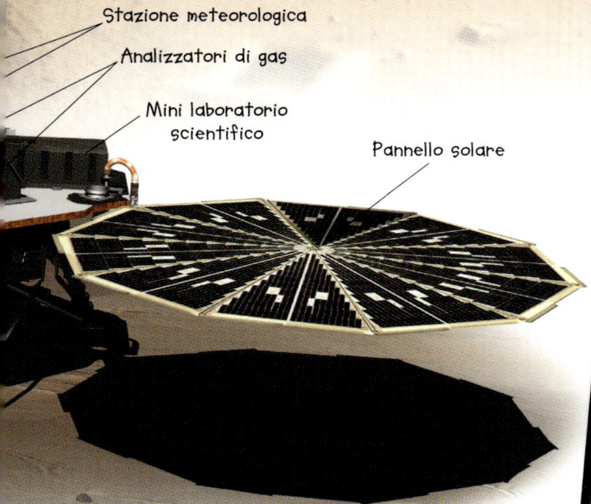

◀ Il lander *Phoenix* sceso su Marte nel 2008 disponeva di un braccio robotico, a sinistra, e di una piccola stazione meteorologica.

260 **Il veicolo orbitante funge da stazione relè per** ricevere i segnali dal lander e inviarli sulla Terra. Un lander può a sua volta fungere da stazione relè per un rover. Un rover è dotato di una piccola radio per comunicare con il lander, che a sua volta ne ha una leggermente più grande per comunicare con l'orbiter. L'orbiter sfrutta la radio più grande per comunicare con la Terra.

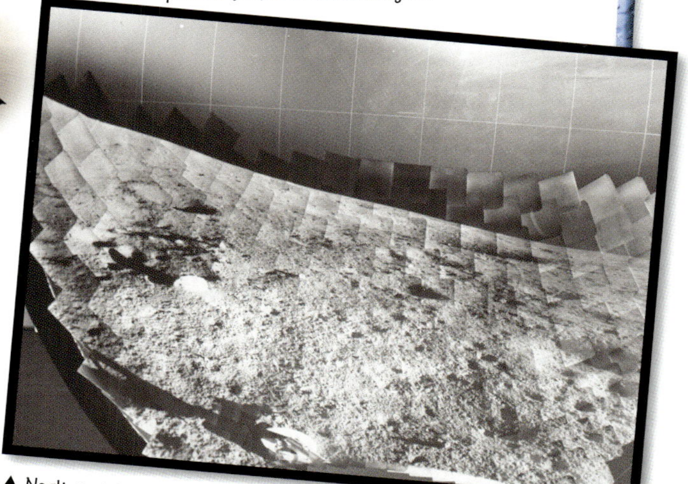

▲ Negli anni Sessanta cinque lander Surveyor statunitensi hanno inviato fotografie ravvicinate della superficie lunare. Le immagini sono state unite per creare scene più grandi.

Esplorare Marte

LUGLIO 1965 || *Mariner 4* sorvola Marte e scatta la prima foto ravvicinata di un altro pianeta

NOVEMBRE 1971 || *Mariner 9* entra in orbita attorno a Marte: il primo veicolo ad orbitare attorno ad un altro pianeta

261 **Marte è il pianeta più vicino alla Terra e il più esplorato.** Intorno al 1870, gli astronomi pensarono di vedere dei canali d'acqua sulla superficie di Marte, che si riteneva fossero opera degli alieni. Tuttavia, con telescopi migliori, si scoprì che erano solo un'illusione ottica della luce.

▼ Questa linea temporale mostra alcune delle missioni più importanti nell'esplorazione di Marte

DICEMBRE 1971 || *Mars 3* è il primo lander a toccare Marte in sicurezza, ma il contatto si perde dopo 20 secondi

262 **Dagli anni Sessanta sono state lanciate più di 40** missioni dirette su Marte. Circa due terzi di esse sono fallite al lancio o durante il viaggio. Un quarto è fallito in prossimità o su Marte, portando alcune persone a credere che i marziani attaccassero e distruggessero i veicoli.

LUGLIO/SETTEMBRE 1976 I lander *Viking 1* e *2* sono i primi a raggiungere con successo la superficie di Marte

LUGLIO 1997 *Mars Pathfinder* atterra e rilascia *Sojourner*, il primo rover su un altro pianeta

◀ *Mars Odyssey* (2001) scatta questa foto del polo sud di Marte. Le calotte polari marziane sono fatte di acqua congelata e "ghiaccio secco" – anidride carbonica solida (congelata).

263 **Nel 1976, due lander statunitensi Viking effettuarono ricerche su Marte.** Scattarono molte fotografie, realizzarono mappe dettagliate e analizzarono l'atmosfera, le rocce e il suolo, ma non trovarono segni di vita. Nel 2008, il lander statunitense *Phoenix* scoprì acqua congelata e molti minerali e sostanze chimiche nel suolo.

264 **I rover *Spirit* e *Opportunity* hanno compiuto una serie incredibile di esplorazioni e scoperte.** Hanno trovato prove che un tempo c'era acqua su Marte, e che forse c'è ancora nel sottosuolo. Nel 2009 *Spirit* è rimasto bloccato in un terreno morbido ma *Opportunity* ha continuato a funzionare fino al 2018.

SETTEMBRE 1997 *Mars Global Surveyor* entra in orbita e inizia la mappatura dettagliata e su larga scala della superficie

DICEMBRE 2003 In orbita, il *Mars Express* rilascia il lander *Beagle 2* ma le comunicazioni con il mezzo si interrompono

GENNAIO 2004 I rover per l'esplorazione di Marte *Spirit* e *Opportunity* arrivano sulla superficie, pronti ad esplorare

MARZO 2006 *Mars Reconnaissance Orbiter* arriva su Marte, con un record di sei veicoli funzionanti in orbita o su Marte

MAGGIO 2008 Il lander *Phoenix* tocca terra. È il primo veicolo ad atterrare nella zona polare di Marte

265 **Il rover *Curiosity del Mars Science Laboratory* atterrato nel 2012.** Nel 2021, il rover Perseverence è giunto a destinazione, atterrando nel letto di un antico lago. Entrambi hanno un trapano e strumenti scientifici per cercare segni di vita passata su Marte.

◀ *Curiosity* è grande come una Mini e ha una velocità massima di 2,5 cm al secondo.

▲ *I controllori di volo al Jet Propulsion Laboratory della NASA in California festeggiano le prime immagini del rover Opportunity giunte sulla Terra.*

266 Tutti i veicoli spaziali hanno un centro di controllo della missione sulla Terra. Squadre di esperti controllano i sistemi del veicolo spaziale, comprese le comunicazioni radio, e i dati che raccoglie tramite fotocamere e strumenti.

267 Le missioni hanno spesso dei problemi. I controllori devono capire come risolvere i guasti. Se l'alimentazione viene a mancare, le squadre potrebbero decidere di spegnere alcune attrezzature, in modo che altre possano continuare a funzionare.

268 Le missioni di recupero campioni riportano sulla Terra oggetti dallo Spazio. Nel 2004, il veicolo *Genesi* ha perso il contenitore con i campioni. Avrebbe dovuto paracadutarsi sulla superficie terrestre, ma si è schiantato nello Utah, negli Stati Uniti. Fortunatamente, alcuni dei suoi campioni di vento solare sono sopravvissuti per essere studiati.

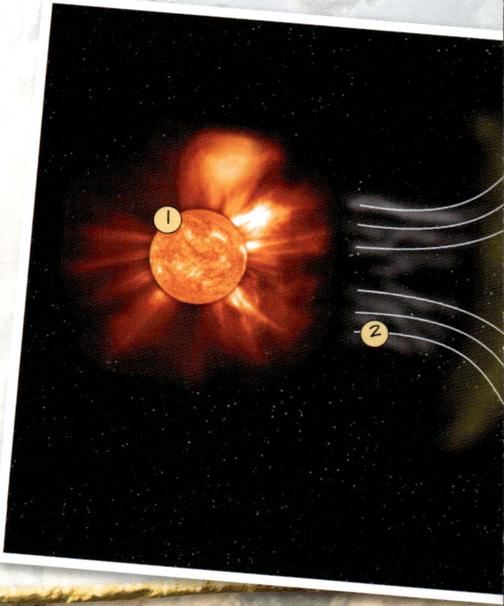

269 **Gas, polvere, rocce e altri oggetti** vengono riportati sulla Terra per essere studiati. Nei primi anni Settanta, le sei missioni Apollo con equipaggio portarono sulla Terra un totale di 381,7 kg di materiale lunare.

▲ Questo pezzo di roccia lunare basaltica, riportato dall'*Apollo 15* è stato studiato da Jack Schmitt, astronauta dell'*Apollo 17* e geologo.

270 **I campioni restituiti dallo Spazio non devono essere contaminati con materiale terrestre.** Mantenere puliti i campioni permette agli scienziati di scoprire cosa contengono e impedisce che eventuali sostanze pericolose vengano rilasciate sulla Terra. I veicoli spaziali sono estremamente puliti al momento del lancio, per evitare che diffondano sostanze chimiche o germi dalla Terra in altri mondi.

NON CI CREDO!

Le rocce lunari non sembrano molto speciali, eppure oltre 100 piccole rocce riportate dalle missioni Apollo sono state rubate. Più di dieci persone sono state catturate mentre cercavano di venderle.

▼ Il veicolo *Genesis* ha raccolto particelle ad alta energia dal vento solare del Sole, che distorce il campo magnetico terrestre.

LEGENDA
1. Sole
2. Vento solare
3. Onda d'urto (il punto in cui il vento solare incontra il campo magnetico terrestre)
4. Campo magnetico terrestre
5. Terra

▶ Questo campione di roccia lunare raccolto durante la missione *Apollo 11* si trova all'interno di un contenitore ermetico a prova di furto.

Verso il Sole

◀ Questa fotografia scattata dal *SOHO* utilizza un disco con un foro per bloccare parte del bagliore del Sole. Ciò rivela vaste nuvole di materia surriscaldata chiamate plasma.

271 Le missioni sul Sole devono fare i conti con un calore enorme. Negli anni Settanta il veicolo americano-tedesco *Helios 2* volò a 44 milioni di km dal Sole. Dal 1990 al 2009, la sonda *Ulisse* ha percorso un'orbita enorme, passando vicino al Sole e arrivando fino a Giove.

272 Nel 1996, il *SOHO* ha iniziato a studiare il Sole da vicino alla Terra. Da allora, ha scoperto molte nuove comete. Nel 2018 è stata lanciata la sonda *Parker Solar Probe*, che orbiterà entro sei milioni di km dal Sole, con uno scudo simile a un "parasole" di un materiale composito di carbonio termoresistente.

◀ La missione Helios è apparsa sui francobolli di tutto il mondo.

▲ La sonda *Messenger* aveva un "parasole" in un materiale composito in ceramica per proteggerla dal calore del Sole.

273 **Le missioni su Venere includono la serie Venera della Russia** (dal 1961 al 1984), le sonde statunitensi Mariner (dal 1962 al 1973) e la Pioneer Venus (1978). Dal 1990 al 1994, *Magellano* ha usato il radar per mappare la superficie in modo incredibilmente dettagliato. Nel 2006, il veicolo spaziale europeo *Venus Express* ha iniziato altre mappature.

274 **Mercurio, il pianeta più vicino al Sole, è stato visitato da due veicoli** spaziali, il Mariner 10 nel 1974, e il Messenger nel 2004. Il *Messenger* ha compiuto dei sorvoli nel 2008 e nel 2009 ed è entrato in orbita nel 2011. Questi veicoli hanno rilevato la temperatura della superficie di Mercurio: 420 °C, due volte più calda del forno di casa.

275 **Più di 20 veicoli hanno visitato Venere, il secondo pianeta** dal Sole. La sua atmosfera di nubi spesse, pressioni estreme, temperature superiori a 450 °C e sostanze chimiche acide pongono enormi sfide ai veicoli da esplorazione.

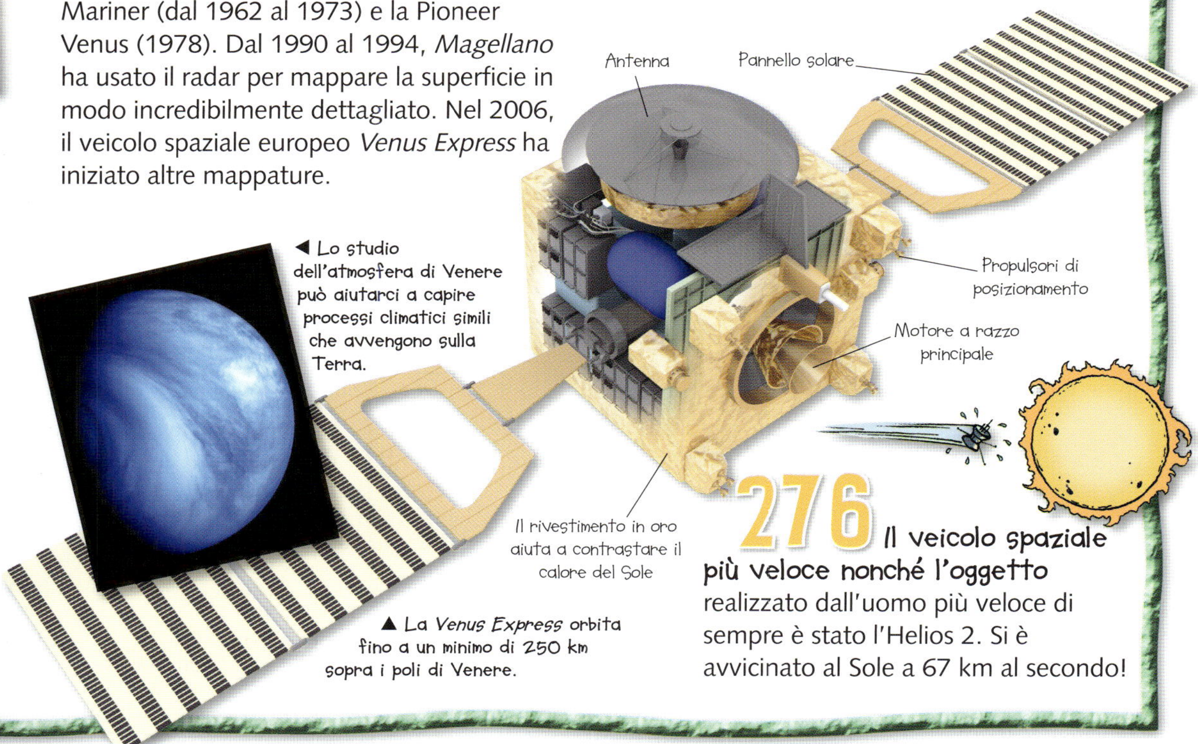

▲ La *Venus Express* orbita fino a un minimo di 250 km sopra i poli di Venere.

◀ Lo studio dell'atmosfera di Venere può aiutarci a capire processi climatici simili che avvengono sulla Terra.

276 **Il veicolo spaziale più veloce nonché l'oggetto** realizzato dall'uomo più veloce di sempre è stato l'Helios 2. Si è avvicinato al Sole a 67 km al secondo!

Asteroidi vicini e lontani

277 **Gli asteroidi orbitano intorno al Sole ma sono molto più** piccoli dei pianeti, quindi anche trovarli è una sfida. La maggior parte dei grandi asteroidi si trova nella fascia principale tra Marte e Giove. Molto più vicini a noi sono gli asteroidi near-Earth (NEA), dei quali più di 20 sono stati esplorati in dettaglio da veicoli di sorvolo, come orbiter e lander.

278 **Orbitare e atterrare sugli asteroidi è** molto difficile. Molti asteroidi hanno una forma strana e rotolano e ruotano mentre si muovono nello Spazio. Un veicolo può scoprirlo solo quando si avvicina.

◀ Il pianeta nano Cerere e i tre più grandi asteroidi del nostro Sistema solare, messi in scala con il Nord America. Vesta, l'asteroide più grande, ha un diametro di circa 530 km.

279 **Nel 1996, la sonda NEAR-Shoemaker è stata lanciata verso NEA Eros. Ha superato l'asteroide** Mathilde nella fascia principale. Poi nel 2000 ha orbitato intorno a Eros, lungo 34 km, prima di atterrare. La sonda ha scoperto che l'asteroide era a forma di nocciolina e ha anche raccolto informazioni sulle rocce, il magnetismo e il movimento di Eros. Nel 2008, la sonda *Rosetta* ha superato l'asteroide Šteins della fascia principale, e l'asteroide Lutetia nel 2010.

▲ Nella fascia principale sono presenti alcuni densi "sciami di asteroidi". Tuttavia, la maggior parte degli asteroidi più grandi dista decine di migliaia di km.

280 **Nel 2010 la sonda giapponese *Hayabusa* ha riportato campioni dell'asteroide** Itokawa dopo aver toccato la sua superficie nel 2005. Queste informazioni ci hanno aiutato a considerare gli asteroidi come "avanzi" della formazione del Sistema solare 4.600 milioni di anni fa.

281 **Il veicolo spaziale *Dawn* è stato lanciato nel 2007.** Ha esplorato Vesta – l'asteroide più grande – nel 2011-2012 ed è ora in orbita intorno al pianeta nano Cerere. Ha completato lo studio delle caratteristiche dei due asteroidi e della composizione delle loro superfici.

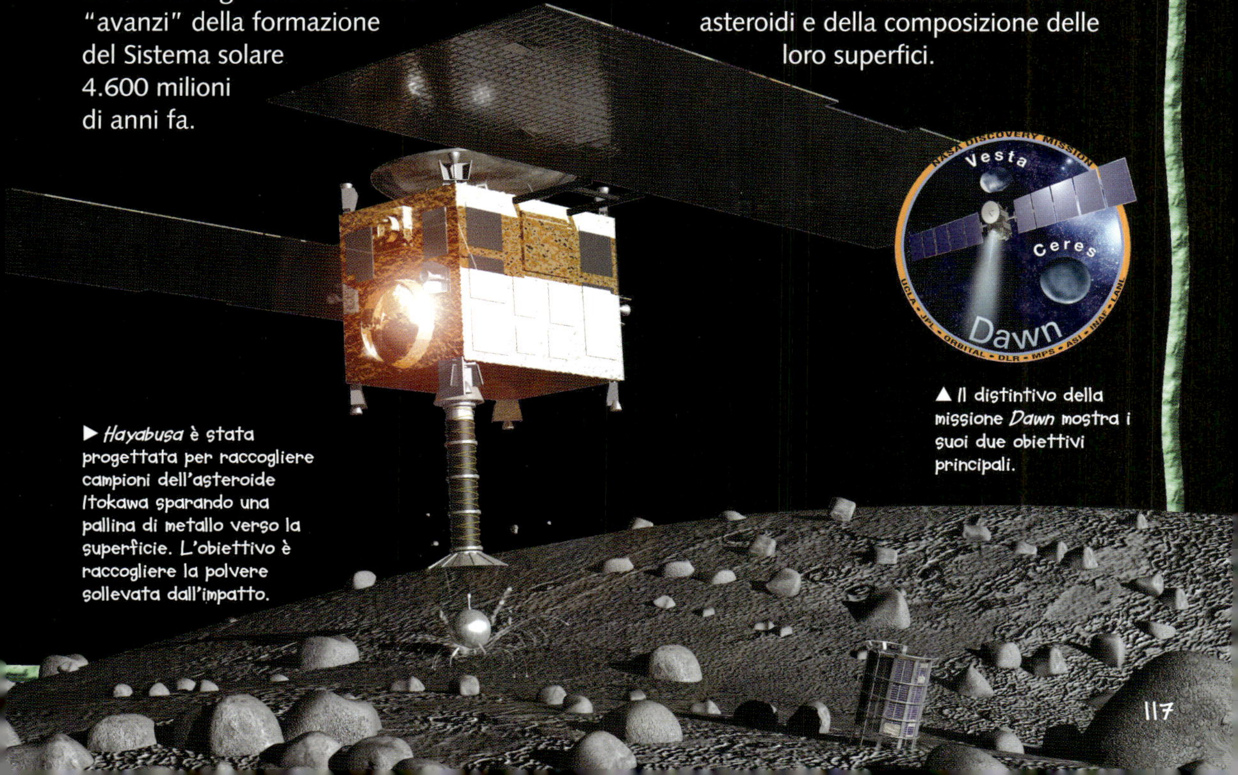

▲ Il distintivo della missione *Dawn* mostra i suoi due obiettivi principali.

▶ *Hayabusa* è stata progettata per raccogliere campioni dell'asteroide Itokawa sparando una pallina di metallo verso la superficie. L'obiettivo è raccogliere la polvere sollevata dall'impatto.

Misteri delle comete

282 Le comete viaggiano da e verso i confini del Sistema solare e oltre, mentre orbitano intorno al Sole. A differenza delle comete di lungo periodo, che impiegano migliaia di anni per orbitare, le comete di breve periodo orbitano ogni 200 anni o meno e quindi possono essere esplorate.

▶ La nube di Oort circonda il Sistema solare ed è composta da oggetti ghiacciati. Potrebbe essere l'origine di alcune comete che orbitano intorno al Sole.

▶ La fascia di Kuiper si trova oltre l'orbita di Nettuno ed è grande circa il doppio del Sistema solare. È composta da molti oggetti simili a comete.

283 Come gli asteroidi, le comete sono difficili da trovare. Si riscaldano e brillano solo quando si avvicinano al Sole. Le loro code sono lunghe milioni di km, ma sono composte solo da deboli gas e polvere. Il centro, o nucleo, di una cometa può emettere potenti getti di polvere e gas in grado di mandare fuori rotta un veicolo.

▶ Una tipica cometa è composta per lo più da polvere e ghiaccio. Ha una zona incandescente, o chioma, intorno a sé, e una lunga coda che punta lontano dal Sole.

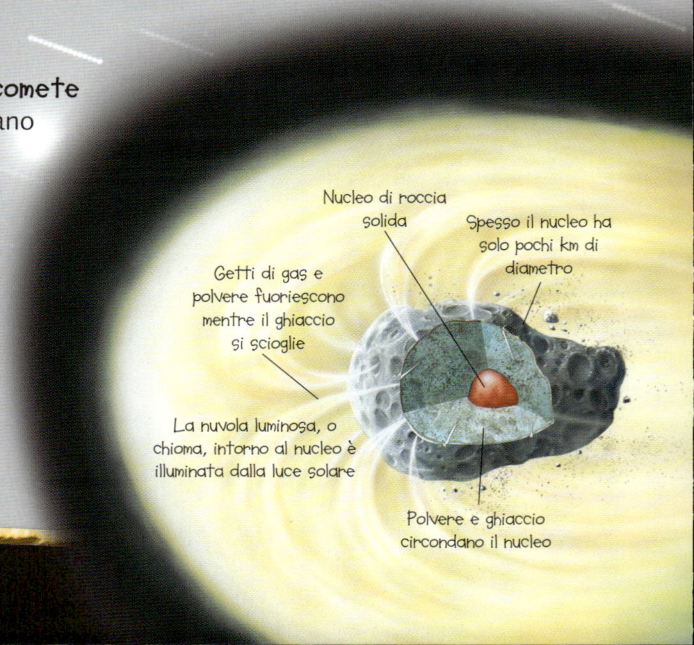

284 La famosa cometa di Halley è apparsa per l'ultima

volta nel 1986. Diversi veicoli di esplorazione, noti come "Halley Armada", si diressero a esplorarla. Questi includevano la sonda europea *Giotto* che volò fino a 600 km dal nucleo della cometa. Ci furono anche due sonde Vega russo-francesi e le sonde giapponesi *Sakigake* e *Suisei*.

▶ La sonda *Stardust* ha raccolto la polvere di cometa usando una schiuma molto leggera, chiamata aerogel, in un collettore a forma di racchetta da tennis. Il collettore si è poi ripiegato nella capsula a forma di ciotola del veicolo per il ritorno sulla Terra.

POLVERE RACCOLTA DALLA COMETA WILD 2

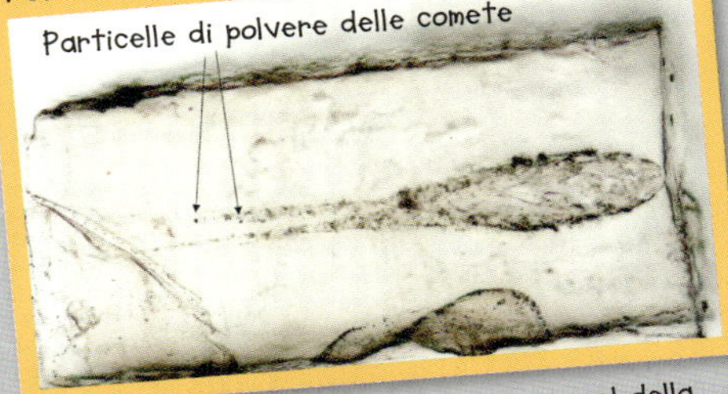

▲ Sotto il microscopio, un pezzo di aerogel della sonda *Stardust* (pari alla metà della dimensione di questa "o") svela minuscole particelle di polvere al suo interno.

285 Nel 2008, la sonda *Stardust* ha riportato sulla Terra

una capsula di polvere prelevata dalla cometa Wild 2. Nel 2005, la sonda *Deep Impact* ha esplorato la cometa Tempel 1. Questi veicoli ampliano le nostre conoscenze delle comete come palle ghiacciate di sostanze chimiche, roccia e polvere.

SONDA STARDUST IN AVVICINAMENTO ALLA COMETA WILD 2

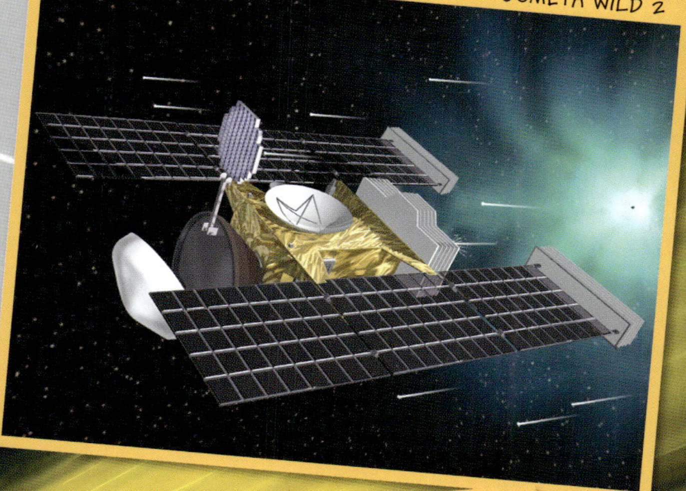

LA CAPSULA CON I CAMPIONI TORNA SULLA TERRA

Coda di polvere incandescente illuminata dalla luce solare

La coda degli ioni (gas) appare bluastra

Giganti gassosi

286 **I quattro pianeti più lontani dalla Terra (Giove,** Saturno, Urano e Nettuno), detti "giganti gassosi", sono grandi pianeti composti principalmente da gas. Ci vogliono almeno due anni per raggiungere Giove con la rotta più diretta. Ma i veicoli spaziali di solito impiegano più tempo perché sfruttano la fionda gravitazionale.

▼ La sonda *Galileo* ha orbitato intorno a Giove per più di sette anni. Ha rilasciato una sonda atmosferica per studiare i gas che compongono quasi tutto il pianeta.

287 **Se un veicolo dovesse entrare nell'atmosfera di Nettuno,** sarebbe colpito dai venti più forti del Sistema solare. Sono dieci volte più forti di un uragano sulla Terra!

288 **Ci sono stati sette sorvoli ravvicinati di Giove e** ognuno ha scoperto di più sulle lune del pianeta. Le due missioni statunitensi Voyager, lanciate nel 1977, hanno scoperto che Giove ha anelli come Saturno. Il veicolo spaziale statunitense *Galileo* è arrivato nella sua orbita nel 1995 e ha rilasciato una sonda nell'atmosfera.

SULLA SUPERFICIE DI TITANO

▲ Le immagini della *Huygens* dalla superficie di Titano, la più grande luna di Saturno, mostrano grumi di ghiaccio e una foschia letale di gas metano.

289 **Saturno, il pianeta degli anelli, è stato sorvolato dalle sonde *Pioneer II* (1979) e *Voyager I* e *2*** . Nel 2004, la sonda *Cassini-Huygens* è giunta a destinazione dopo un viaggio di sette anni. L'orbiter *Cassini* sta ancora scattando fotografie del pianeta, dei suoi anelli e delle sue lune.

▼ *Huygens* si è separata da *Cassini* e si è diretta verso Titano. Ha inviato più di 750 immagini dalla superficie.

TITANO

290 **L'unico veicolo di esplorazione a raggiungere** Urano e Nettuno è stato Voyager 2. Durante il suo sorvolo di Urano nel 1986, ha scoperto 10 nuove lune e 2 nuovi anelli. Nel 1989, ha superato Nettuno, scoprendo 6 nuove lune e 4 nuovi anelli.

▼ I giganti gassosi hanno molte lune, alcune grandi e altre piccole. Questo elenco include le 5 più grandi di ciascuno (non in scala).

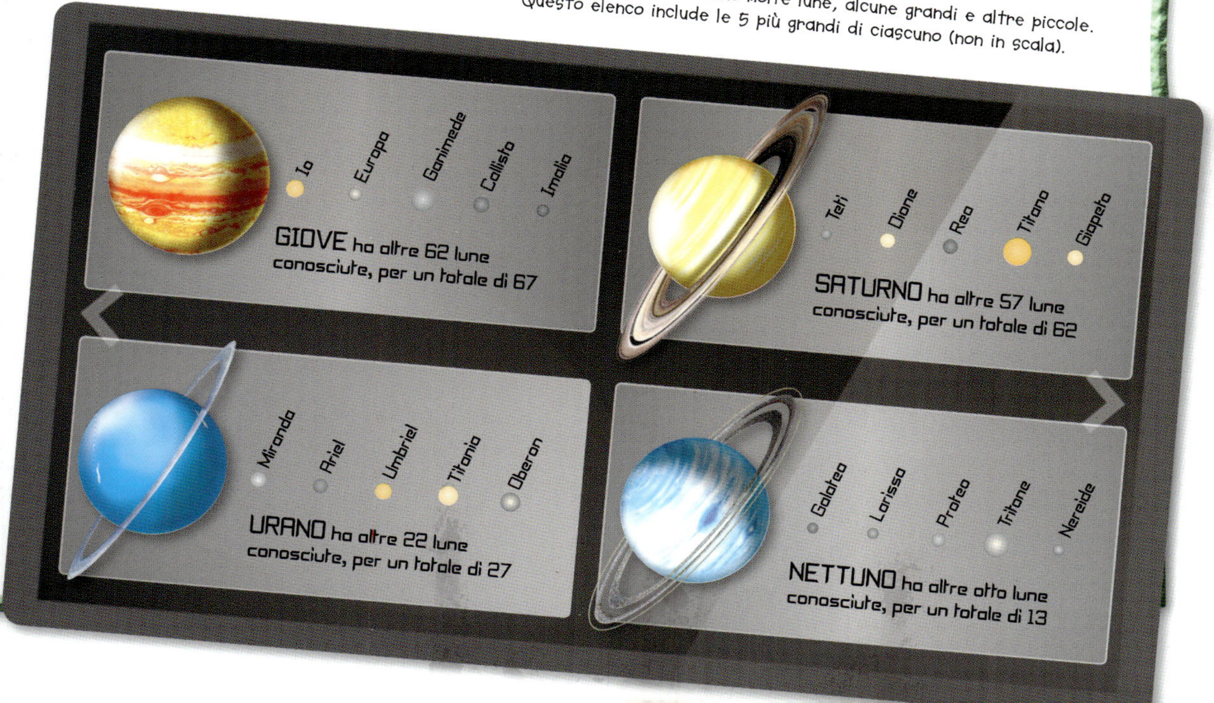

291 Le grandi distanze nello Spazio rendono estremamente difficile viaggiare anche verso i pianeti più vicini. L'uomo si è spinto al massimo sulla Luna, e ci sono voluti tre giorni per arrivarci. Ci vorrebbero mesi per raggiungere i pianeti più vicini, e migliaia di anni per raggiungere la stella più vicina.

◀ Gli astronauti possono vivere nello Spazio all'interno della Stazione Spaziale Internazionale orbitante intorno al nostro pianeta, qui riflessa nella visiera della tuta dell'astronauta della NASA Mike Hopkins.

Fuga dalla Terra

292 La gravità è la forza che attrae tutto verso il basso, verso la Terra. Gli oggetti sono attratti dalla gravità, ma più sono grandi e più è forte l'attrazione. La Terra è enorme e quindi attira verso di sé tutto ciò che è più piccolo. Questo è il motivo per cui non si fluttua, e per cui è difficile uscire dalla nostra atmosfera per viaggiare nello Spazio.

Auto sportiva
(130 km l'ora)

Jet di linea
(900 km l'ora)

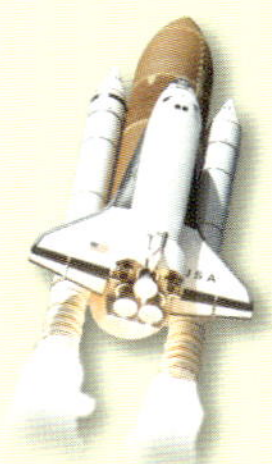

Veicolo spaziale
(27.400 km l'ora)

◀ Un veicolo spaziale che viaggia a meno di 27.400 km l'ora ricadrà sulla Terra, spinto dalla gravità.

293 Il modo per vincere la forza di gravità e raggiungere lo Spazio? Un veicolo spaziale deve raggiungere la velocità di circa 27.400 km l'ora. Si tratta di una velocità circa 30 volte superiore a quella di un aereo di linea e oltre 200 volte quella di un'auto che viaggia in autostrada.

294 Anche la velocità di 27.400 km l'ora non è sufficiente per un veicolo spaziale per liberarsi dalla gravità. A questa velocità rimarrà in orbita intorno alla Terra a circa 200 km dal suolo. I veicoli spaziali orbitano a velocità diverse a seconda della loro distanza dalla Terra: la forza di gravità diminuisce più ci si allontana dal pianeta.

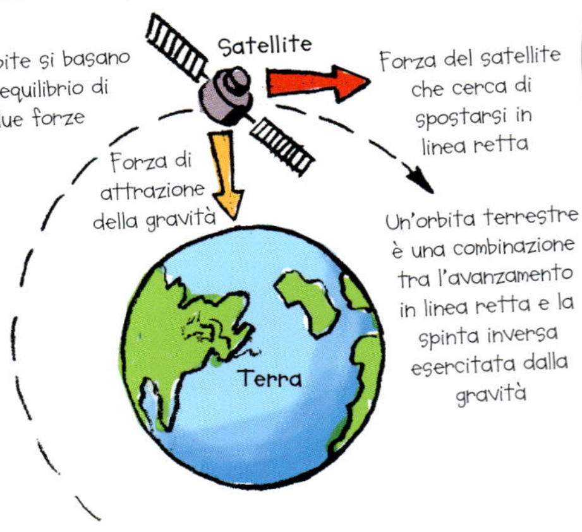

▲ I satelliti che orbitano più vicino alla Terra devono viaggiare più veloci di quelli che si trovano a orbite maggiori.

▶ Un razzo Atlas ha fornito alla sonda spaziale *New Horizons* la velocità di lancio più alta mai registrata per il lungo viaggio verso Plutone.

295 **I veicoli spaziali hanno bisogno di ancora più velocità per sfuggire completamente** alla forza di gravità della Terra e volare nello Spazio. Devono viaggiare a 40.000 km l'ora, ovvero la velocità di fuga della Terra. Una volta nello Spazio, non c'è abbastanza aria per rallentare un veicolo spaziale, quindi non c'è bisogno di motori potenti per avanzare.

QUIZ

1. Qual è la velocità di fuga della Terra?
2. Quanto dista la stella più vicina al Sole?
3. Come si chiama la forza che ci impedisce di fluttuare sulla Terra?

Risposte
1. 40.000 km l'ora 2. 4,2 anni luce (40 milioni di milioni di km)
3. Gravità

296 **Le distanze nello Spazio sono così grandi che gli astronomi non le** misurano in chilometri ma in anni luce, ovvero la distanza che la luce percorre in un anno, cioè 9,46 milioni di milioni di km. La stella più vicina al Sole si trova a 4,2 anni luce di distanza, equivalente a quasi 40 milioni di milioni di km.

▲ Un'auto che viaggia a 60 km l'ora impiegherebbe 285 anni per raggiungere il Sole.

Potente come un razzo

297 **I motori a razzo forniscono l'enorme potenza necessaria per lanciare un veicolo spaziale alla** velocità sufficiente per raggiungere lo Spazio. Sulla Terra, i motori usano l'ossigeno dell'aria per bruciare il combustibile, ma nello Spazio non c'è ossigeno. Possono funzionare nello Spazio con una scorta di ossigeno.

298 **All'interno di un motore a razzo, il combustibile è bruciato per produrre gas** caldi. Fuoriuscendo da un ugello nella parte posteriore del razzo, lo spingono in avanti ad alta velocità. Alcuni razzi usano combustibile liquido pompato nel motore dove si mescola con l'ossigeno e brucia. Altri usano combustibile solido gommoso contenente ossigeno.

LEGENDA

1. Carico utile del satellite
2. Secondo stadio
3. Primo stadio
4. Serbatoio di ossigeno liquido
5. Serbatoio di idrogeno liquido
6. Razzo ausiliario
7. Combustibile solido
8. Motore del primo stadio

▶ Un razzo Ariane 5 ha due stadi e due razzi ausiliari a combustibile solido per lanciare satelliti in orbita.

299 **I razzi ausiliari possono fornire potenza** extra per un lancio. Si tratta di razzi separati collegati lateralmente al razzo principale. Bruciano il loro combustibile, poi si staccano e ricadono sulla Terra. Lo space shuttle utilizzava due enormi razzi ausiliari, mentre i razzi russi Soyuz hanno quattro razzi ausiliari al decollo.

▶ I razzi ausiliari dell'Ariane 5 bruciano il loro combustibile in circa due minuti e poi cadono in mare.

▲ Lancio di Ariane 5: Decollo (1), i razzi ausiliari si staccano (2), il primo stadio si separa (3), il secondo stadio manda il satellite in orbita (4).

CREA UN RAZZO-PALLONCINO

Cosa ti serve

spago • cannuccia • palloncino lungo
nastro adesivo

Lega un'estremità dello spago a qualcosa di solido, come il pomello di una porta. Infila lo spago nella cannuccia e lega l'altra estremità a qualcosa di solido e sicuro a circa 6 metri di distanza, in modo che lo spago sia teso. Gonfia il palloncino e, tenendo l'estremità, attaccalo alla cannuccia con il nastro adesivo. Lascia andare il palloncino e guarda la cannuccia volare lungo lo spago. È spinta dall'aria che fuoriesce dal palloncino, come il getto infuocato di gas che brucia da un razzo. La forza che muove il palloncino e un razzo vero si chiama spinta.

300 **Sono necessari diversi stadi di razzi per** raggiungere lo Spazio. Ogni stadio ha il suo motore e il suo combustibile. Il primo stadio solleva il razzo e il veicolo da terra. Quando ha esaurito il combustibile, si separa dal resto del razzo e cade sulla Terra. Il motore dello stadio successivo si avvia, dando al razzo una velocità extra. Il terzo stadio porta il veicolo in orbita.

301 **Si stanno progettando nuovi spazioplani che renderanno più facile ed** economico volare nello Spazio. Lo *Skylon* avrà motori che sfruttano l'ossigeno dell'aria per raggiungere lo Spazio, quindi sarà più leggero e servirà meno potenza per decollare perché non trasporterà ossigeno. *Skylon* decollerà e atterrerà su una pista e sarà in grado di volare molte volte.

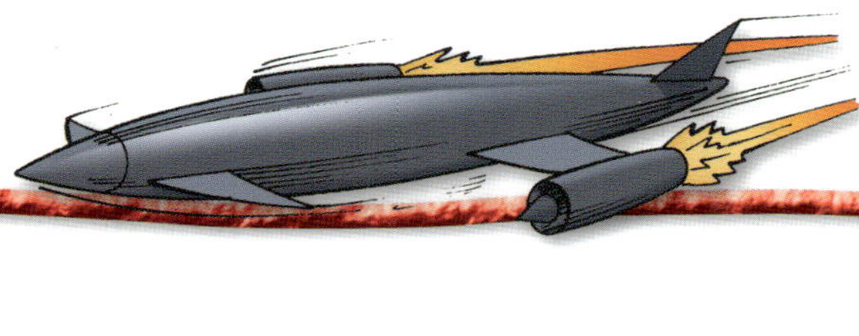

Space shuttle

302 **La maggior parte dei razzi possono essere lanciati solo una volta. Lo space shuttle no. Si componeva di tre** parti principali: un orbiter, un enorme serbatoio di combustibile e due razzi ausiliari giganti. Solo l'orbiter andava nello Spazio. Sono stati costruiti cinque orbiter: *Columbia*, *Challenger*, *Discovery*, *Atlantis* e *Endeavour* e ognuno ha volato nello Spazio molte volte.

▶ Al decollo, l'enorme serbatoio riforniva di combustibile i tre motori principali. Mentre lo shuttle era fissato al serbatoio durante il decollo, le porte della stiva rimanevano chiuse: si aprivano solo quando il veicolo raggiungeva l'orbita.

▼ Ognuno dei cinque orbiter dello shuttle ha volato nello Spazio molte volte. In totale, tra il 1981 e il 2011, ci sono stati 135 voli.

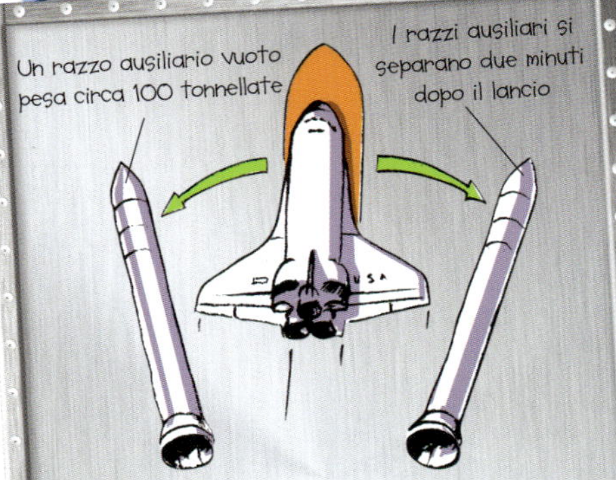

303 **Il veicolo decollava verticalmente come un razzo.** I tre motori e i due enormi razzi ausiliari venivano attivati tutti insieme al lancio. Il combustibile solido nei razzi ausiliari impiegava solo due minuti per bruciare, poi i razzi ricadevano in mare.

Voli degli shuttle

Orbiter	Primo volo	Ultimo volo	N. di voli
Columbia	12 aprile 1981	16 gennaio 2003	28
Challenger	4 aprile 1983	28 gennaio 1986	10
Discovery	30 agosto 1984	24 febbraio 2011	39
Atlantis	3 ottobre 1985	8 luglio 2011	33
Endeavour	7 maggio 1992	16 maggio 2011	25

NON CI CREDO!

Al momento del lancio lo shuttle pesava circa 2 milioni di kg, ma la maggior parte era composta da combustibile. Il combustibile pesava circa 20 volte l'orbiter, che pesava quanto dieci elefanti.

304 L'orbiter dello shuttle poteva portare sette astronauti nello Spazio. Vivevano e lavoravano nella cabina nella parte anteriore dell'orbiter in missioni che duravano da una a due settimane.

305 I satelliti venivano lanciati dalla stiva di carico dello shuttle. Lo shuttle mise in orbita il telescopio spaziale Hubble, e furono organizzate cinque successive missioni dello shuttle per ripararlo nello Spazio. In altri voli la stiva conteneva un laboratorio chiamato Spacelab dove gli astronauti effettuavano esperimenti.

306 Gli orbiter dello shuttle hanno portato nello Spazio i componenti della Stazione Spaziale Internazionale. I moduli della stazione spaziale sono stati inseriti nella stiva dello shuttle per il viaggio. Ogni parte è stata aggiunta alla stazione spaziale da astronauti che facevano passeggiate spaziali e che l'hanno costruita gradualmente mentre orbitava intorno alla Terra.

▼ La navetta spaziale *Atlantis* ha attraccato alla ISS durante l'ultima missione dello shuttle nel luglio 2011.

Ritorno sulla Terra

307 Una delle fasi più pericolose del viaggio spaziale è il rientro (ritorno nell'atmosfera terrestre). Quando un veicolo spaziale fa ritorno, sfrega contro l'aria a velocità incredibili, il che lo rende estremamente caldo. Lo space shuttle ha raggiunto temperature di circa 1.650 °C al rientro.

▲ Lo shuttle brillava di rosso al rientro nell'atmosfera terrestre. Per evitare di bruciare, i veicoli spaziali devono rientrare esattamente all'angolo giusto.

308 Gli astronauti in un veicolo spaziale di ritorno sono protetti dal calore da uno scudo termico. Sullo space shuttle lo scudo termico era fatto di piastrelle speciali che ricoprivano la parte inferiore della navetta. Queste impedivano al calore di raggiungere il resto dello shuttle. Altri veicoli spaziali come la Soyuz russa sono protetti da materiale spesso che brucia pur mantenendo fresco il veicolo spaziale.

▼ Una capsula spaziale Soyuz che trasporta tre cosmonauti a casa dalla stazione spaziale *Mir* solleva polvere mentre atterra in una zona desertica.

309 **Lo shuttle atterrava su una pista come un aereo, ma senza ricorrere ai** motori, come un enorme aliante. Viaggiava fino al luogo di atterraggio, scivolando nell'aria e svoltando a destra e a sinistra per rallentare. Si fermava sulla pista usando i paracadute e i freni sulle ruote di atterraggio. Dopo la manutenzione, l'orbiter poteva essere lanciato nuovamente nello Spazio.

◀ Lo space shuttle aveva bisogno di una pista molto lunga per atterrare in sicurezza alla fine di una missione.

310 **Il veicolo spaziale Soyuz usa dei paracadute per rallentare la sua caduta.** Poco prima che colpisca il suolo, piccoli motori a razzo entrano in funzione per rallentarlo ancora di più e garantire un atterraggio morbido. Alcuni dei primi veicoli spaziali, come i moduli di comando delle missioni Apollo sulla Luna, scendevano sulla Terra con il paracadute prima di finire la propria corsa in mare.

SENTI IL CALORE DELL'ATTRITO

Strofina le mani insieme o contro le gambe. Cominci a sentire caldo? È così che si riscalda un veicolo spaziale quando sfrega contro l'aria. Una forza chiamata attrito produce calore cercando di fermare il movimento di sfregamento. Con l'attrito si può anche accendere un fuoco, strofinando insieme due bastoncini secchi.

Veicolo spaziale

311 I veicoli spaziali viaggiano verso varie destinazioni nello Spazio. Alcuni sono stati costruiti per trasportare persone a bordo, ma non si spingono molto lontano dalla Terra. I veicoli spaziali senza equipaggio possono viaggiare molto oltre. L'uomo ha inviato veicoli spaziali senza equipaggio su tutti i pianeti che orbitano intorno al Sole, e alcune sonde spaziali e rover sono persino atterrati su alcuni di essi. Altri hanno volato oltre il pianeta più lontano del nostro Sistema solare verso le stelle lontane.

▶ La sonda spaziale *Galileo* ha orbitato intorno al pianeta gigante Giove e inviato una sonda più piccola nelle nuvole luminose di Giove.

312 Senza aria a contrastarlo, un veicolo spaziale continuerà ad avanzare costantemente nello Spazio. Tuttavia, i veicoli spaziali hanno motori per cambiare direzione e mantenere la rotta, e per rallentare quando arrivano a destinazione. I motori possono anche fornire una velocità extra per velocizzare il viaggio. Il veicolo spaziale deve trasportare tutto il combustibile di cui i motori hanno bisogno per l'intero viaggio.

313 Tutti i veicoli spaziali hanno bisogno di energia per funzionare e mantenersi caldi – fa molto freddo nello Spazio. I pannelli solari che convertono la luce del Sole in elettricità possono fornire abbastanza energia per i veicoli spaziali vicini al Sole. Quelli che viaggiano lontano dal Sole spesso usano l'energia nucleare. Lo space shuttle aveva celle a combustibile che producevano elettricità trasformando ossigeno e idrogeno in acqua.

314 **I veicoli spaziali inviano informazioni e ricevono istruzioni dai** controllori sulla Terra mediante segnali radio. Man mano che un veicolo spaziale si allontana, i segnali radio si indeboliscono. Le sonde dirette verso pianeti lontani hanno bisogno di grandi antenne a forma di piatto per inviare e ricevere messaggi. Sulla Terra, enormi ricevitori raccolgono i segnali più deboli.

NON CI CREDO!

Gli UFO (Unidentified Flying Objects, oggetti volanti non identificati) sono oggetti nel cielo che non hanno l'aspetto di normali aerei. Alcuni pensano che siano veicoli spaziali alieni provenienti da altri mondi, ma non ci sono prove.

315 **I veicoli spaziali con equipaggio devono essere in grado di mantenere gli astronauti al loro** interno vivi e vegeti. Sono costruiti con un robusto doppio strato esterno per proteggere l'equipaggio dalle radiazioni pericolose e dalla polvere spaziale libera. Contengono una riserva d'aria per respirare e acqua e cibo a sufficienza per l'intero viaggio. La temperatura è mantenuta confortevole dai radiatori, che disperdono il calore in eccesso nello Spazio.

Astronauti

316 Le persone che viaggiano nello Spazio sono chiamate astronauti. In Russia sono chiamate cosmonauti e in Cina taikonauti. Sono andati nello Spazio astronauti di molti paesi diversi, la maggior parte di loro a bordo di veicoli spaziali russi e statunitensi. Finora, l'unico paese oltre a Russia e Stati Uniti ad aver inviato astronauti nello Spazio è la Cina.

▲ I futuri astronauti fluttuano all'interno di un aereo come se fossero nello Spazio.

► L'astronauta dell'ESA (Agenzia Spaziale Europea) Jean-François Clervoy si allena per le passeggiate spaziali indossando una tuta sott'acqua.

317 Gli astronauti necessitano di molti mesi di addestramento per essere pronti per un volo spaziale. Imparano a conoscere il veicolo spaziale in cui vivranno e lavoreranno, e cosa fare in caso di emergenza. Gli astronauti si allenano in enormi vasche d'acqua per abituarsi alla sensazione di assenza di peso e si esercitano per le passeggiate spaziali fuori dal veicolo.

318 **È essenziale che gli astronauti siano in forma e in salute. Prima di** volare vengono sottoposti a molti controlli medici per assicurarsi che non si ammalino nello Spazio. Nel loro veicolo spaziale si esercitano regolarmente, di solito per circa due ore al giorno utilizzando una cyclette, correndo su un tapis roulant o dedicandosi a una versione spaziale del sollevamento pesi. Questo aiuta a mantenere forti muscoli e ossa.

QUIZ

1. Come si chiamano gli astronauti cinesi?
2. Per quanto tempo si esercitano gli astronauti ogni giorno?
3. Perché gli astronauti si allenano in enormi vasche d'acqua?

Risposte
1. Taikonauti 2. Circa due ore
3. Per abituarsi alla sensazione di assenza di peso

319 **Vivere nello Spazio per molto tempo può rendere i** muscoli più deboli e il corpo leggermente più alto. Quando si fluttua in una navicella spaziale, non si usano i muscoli che normalmente ci tengono in piedi. Le ossa che compongono la colonna vertebrale non sono schiacciate insieme dalla gravità e quindi si allungano. Gli astronauti tornano presto alla normalità sulla Terra.

320 **Gli astronauti svolgono molte mansioni diverse nello Spazio.** Alcuni sono addestrati per pilotare i veicoli spaziali. Altri effettuano passeggiate spaziali per installare attrezzature o compiere riparazioni. All'interno, eseguono esperimenti per esplorare gli effetti dei viaggi nello Spazio.

LEGENDA

1. La spina dorsale si allunga, rendendo gli astronauti più alti
2. I muscoli delle gambe e della schiena si indeboliscono
3. Le ossa delle gambe e della schiena diventano più deboli e sottili
4. Il viso diventa leggermente gonfio

▼ Nello Spazio, la gravità non agisce più sul corpo di un astronauta.

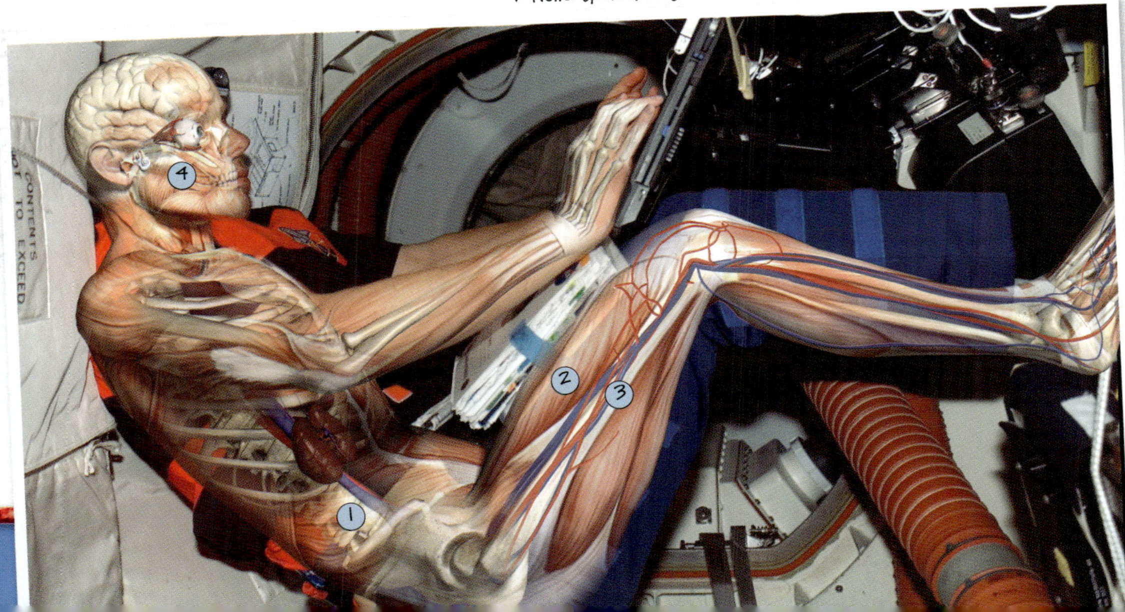

Pionieri dello Spazio

321 **Il russo Jurij Gagarin è stato la prima persona a volare nello Spazio.** Il 12 aprile 1961 completò un'orbita intorno alla Terra nel suo veicolo spaziale ***Vostok 1***. Poco dopo il volo di Gagarin, il 5 maggio 1961, Alan Shepherd divenne il primo americano nello Spazio, anche se non orbitò intorno alla Terra.

▲ Lo storico volo di Jurij Gagarin durò 1 ora e 48 minuti.

322 **Due anni dopo il volo di Gagarin, il 16 giugno 1963, Valentina Tereškova divenne la prima donna nello Spazio.** Trascorse quasi tre giorni in orbita, girando intorno alla Terra 48 volte nel veicolo spaziale ***Vostok 6***.

▲ Valentina Tereškova aveva solo 26 anni quando volò nello Spazio.

323 **La prima persona a compiere una passeggiata spaziale fu** il russo Aleksej Leonov, **il 18 marzo 1965.** Restò nello Spazio per 12 minuti, collegato al suo veicolo spaziale mediante una corda di sicurezza per evitare che andasse alla deriva.

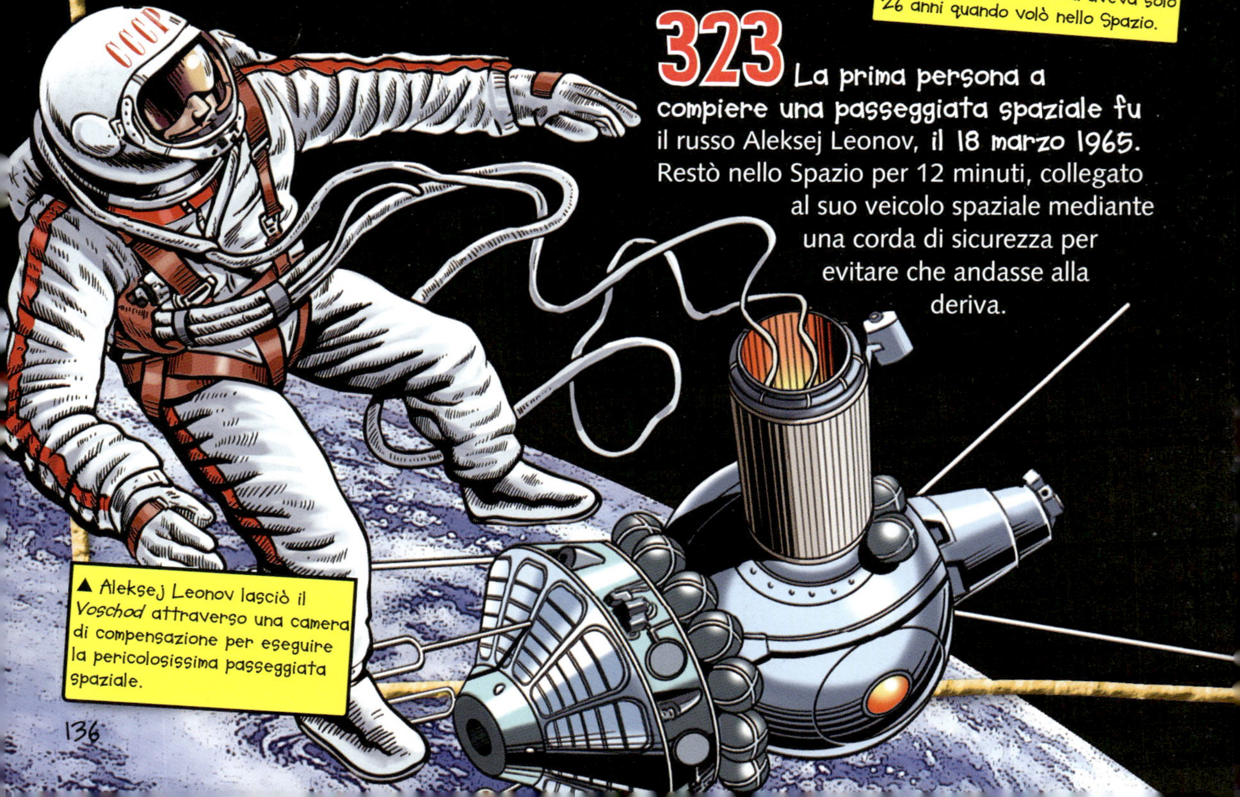

▲ Aleksej Leonov lasciò il *Voschod* attraverso una camera di compensazione per eseguire la pericolosissima passeggiata spaziale.

◀ Neil Armstrong e Buzz Aldrin piantarono una bandiera statunitense nella polvere lunare.

324 **Il primo sbarco sulla Luna avvenne il 20 luglio 1969.** Due astronauti americani fecero atterrare il lander lunare ***Apollo 11*** in una zona chiamata Mare della Tranquillità. Neil Armstrong fu il primo a mettere piede sulla superficie, seguito da Buzz Aldrin. Trascorsero circa due ore e mezza in superficie, esplorando e raccogliendo rocce da riportare sulla Terra.

325 **Dopo questi primi pionieri, diversi astronauti hanno trascorso più** di un anno nello Spazio. Valerij Poljakov rimase a bordo della stazione spaziale *Mir* per quasi 438 giorni (circa 14 mesi) dal 1994 al 1995. Altri trascorsero più tempo nello Spazio solo sommando tutti i loro singoli voli spaziali. Sergej Krikalëv effettuò sei voli per un totale di oltre 800 giorni (più di due anni).

CRONOLOGIA DELLO SPAZIO

4 ottobre 1957
Viene lanciato il primo satellite artificiale, lo Sputnik 1.

3 novembre 1957
Un cane di nome Laika diventa il primo animale nello Spazio.

12 aprile 1961
Jurij Gagarin è il primo uomo lanciato nello Spazio.

16 giugno 1963
Valentina Tereškova diventa la prima donna nello Spazio.

18 marzo 1965
Aleksej Leonov è la prima persona a uscire da un veicolo spaziale e a "camminare" nello Spazio.

20 luglio 1969
Il primo veicolo spaziale con equipaggio atterra sulla Luna e Neil Armstrong diventa la prima persona a camminare sulla superficie.

19 aprile 1971
Viene lanciata in orbita la prima stazione spaziale, Saljut 1.

14 dicembre 1972
L'Apollo 17, l'ultima missione lunare con equipaggio, lascia la Luna.

12 aprile 1981
Primo volo dello space shuttle riutilizzabile.

20 febbraio 1986
Viene lanciato il primo modulo della stazione spaziale Mir, con altri moduli e attrezzature aggiunti nei successivi 10 anni.

22 marzo 1995
Valerij Poljakov stabilisce il record per il più lungo volo spaziale individuale.

20 novembre 1998
Viene lanciato il primo modulo della Stazione Spaziale Internazionale (ISS), Zarya.

31 ottobre 2000
Il primo equipaggio si installa nella ISS.

Tute spaziali

326 Gli astronauti non potrebbero sopravvivere fuori dal veicolo spaziale senza la tuta. La indossano dentro una camera di compensazione dotata di due porte: una si apre nella navicella e l'altra verso l'esterno. Indossata la tuta, chiudono la porta interna, fanno uscire l'aria dalla camera di compensazione, aprono la porta esterna ed escono.

327 Le tute spaziali sono molto ingombranti perché devono tenere in vita gli astronauti e proteggerli dalla polvere spaziale libera. Sono fatte di molti strati diversi di materiale, ben 14 nel caso di una tuta spaziale della NASA. Gli strati esterni sono impermeabili, ignifughi e antiproiettile. Sotto ci sono strati isolanti che mantengono la temperatura costante e uno strato antistrappo.

328 La tuta spaziale deve premere sul corpo dell'astronauta. Senza questa pressione il corpo si gonfierebbe e i gas uscirebbero dal sangue come se fossero acqua bollente. Sulla Terra l'aria preme sempre sui nostri corpi, ma nello Spazio non c'è aria. In una tuta spaziale la pressione proviene da un doppio strato gonfiato come un palloncino, a forma di corpo umano.

▲ Le tute spaziali forniscono un sistema di supporto vitale per gli astronauti mentre sono fuori dal veicolo spaziale.

LEGENDA

1 Luci
2 Casco
3 Visiera
4 Guanti
5 Quadro di comando
6 Cavo di sicurezza
7 Zaino con sistema di supporto vitale
8 Stivali

329 **Gli astronauti indossano della biancheria speciale sotto le loro tute spaziali che li mantiene freschi.** Il materiale elastico si adatta strettamente, coprendo tutto il corpo. Più di 90 metri di tubi sottili lo attraversano a zig-zag. L'acqua fredda scorre attraverso questi tubi, trasportando il calore dalla pelle allo zaino della tuta spaziale. Qui il calore si irradia nello Spazio, raffreddando l'acqua prima di farla circolare di nuovo nei tubi.

330 **Le tute spaziali hanno diverse parti tutte collegate insieme** con guarnizioni ermetiche. Sono presenti articolazioni flessibili nelle spalle, nelle braccia e nei polsi, in modo che gli astronauti possano muovere le mani e le braccia per lavorare nello Spazio. Il casco è fatto di plastica dura e trasparente per fornire all'astronauta una buona visuale. Sotto il casco, un cappuccio con una radio permette all'astronauta di parlare con altri astronauti o con il controllo a terra.

NON CI CREDO!

Le tute della NASA che gli astronauti indossano durante le passeggiate spaziali sulla ISS costano 12 milioni di dollari ciascuna. Gli astronauti non hanno tute spaziali individuali. Le parti sono disponibili in diverse misure, così ogni astronauta può assemblare una tuta adatta alla propria corporatura.

Passeggiate spaziali

331 **L'attività extraveicolare (EVA), spesso chiamata** passeggiata spaziale, avviene quando un astronauta lascia il veicolo per lavorare fuori nello Spazio. Potrebbe dover costruire o riparare una stazione spaziale, o fare manutenzione ai satelliti. Gli esperimenti che devono essere esposti direttamente allo Spazio sono fissati all'esterno di un veicolo e raccolti durante le passeggiate spaziali.

◀ Questo astronauta sta lavorando senza cavo di sicurezza. Indossa uno zaino SAFER (Simplified Aid for EVA Rescue). Può essere controllato da piccoli getti di azoto, che permettono all'astronauta di tornare indietro in volo nella stazione spaziale.

332 **Un cavo di sicurezza impedisce agli astronauti di** fluttuare via dal veicolo spaziale. È come una corda con un'estremità fissata al veicolo spaziale e l'altra alla tuta. Gli strumenti utilizzati dagli astronauti sono fissati anche alla tuta, in modo che non si perdano nello Spazio.

NON CI CREDO!

Gli astronauti che camminano nello Spazio possono indossare le tute fino a otto ore senza pause per la toilette. Sotto la tuta indossano un componente detto Maximum Absorption Garment (MAG) per assorbire i bisogni fisiologici.

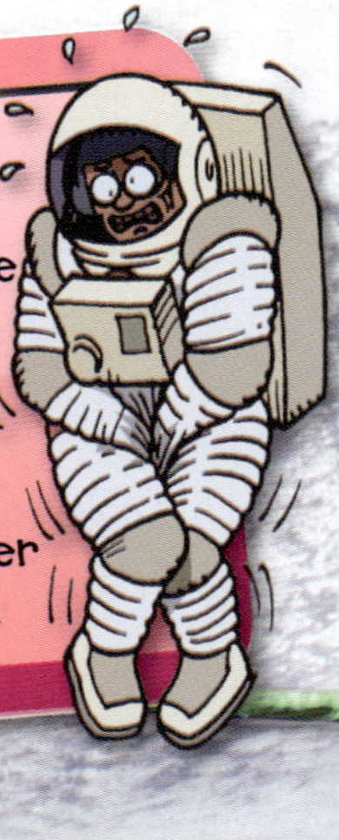

◀ Nel film *Gravity* (Warner Brothers, 2013) gli astronauti scoprono i pericoli delle passeggiate nello Spazio.

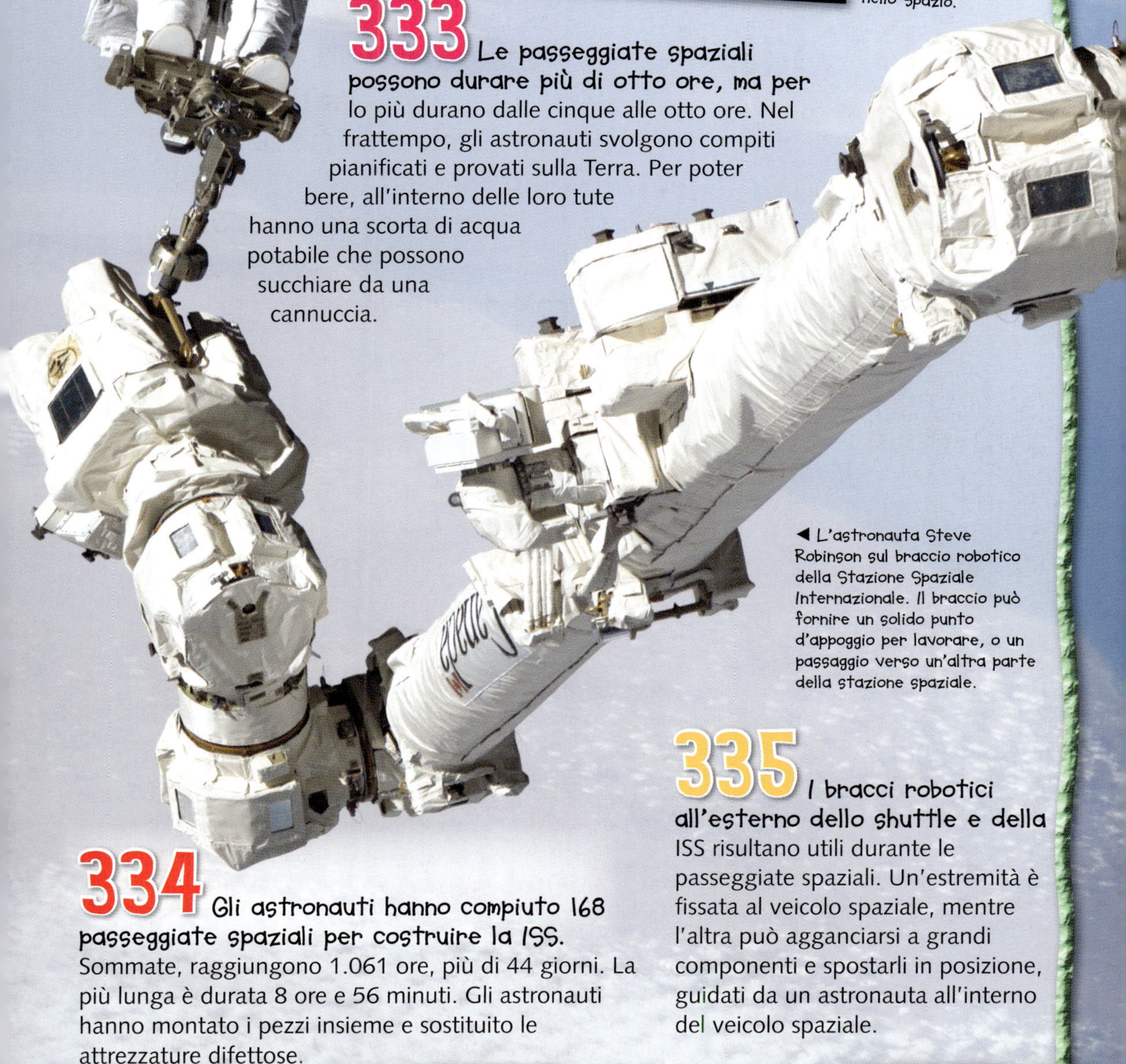

333 **Le passeggiate spaziali possono durare più di otto ore, ma per** lo più durano dalle cinque alle otto ore. Nel frattempo, gli astronauti svolgono compiti pianificati e provati sulla Terra. Per poter bere, all'interno delle loro tute hanno una scorta di acqua potabile che possono succhiare da una cannuccia.

◀ L'astronauta Steve Robinson sul braccio robotico della Stazione Spaziale Internazionale. Il braccio può fornire un solido punto d'appoggio per lavorare, o un passaggio verso un'altra parte della stazione spaziale.

334 **Gli astronauti hanno compiuto 168 passeggiate spaziali per costruire la ISS.** Sommate, raggiungono 1.061 ore, più di 44 giorni. La più lunga è durata 8 ore e 56 minuti. Gli astronauti hanno montato i pezzi insieme e sostituito le attrezzature difettose.

335 **I bracci robotici all'esterno dello shuttle e della** ISS risultano utili durante le passeggiate spaziali. Un'estremità è fissata al veicolo spaziale, mentre l'altra può agganciarsi a grandi componenti e spostarli in posizione, guidati da un astronauta all'interno del veicolo spaziale.

Vivere nello Spazio

336 La prima cosa che si nota in un volo spaziale è che tutto fluttua. Questo fenomeno prende il nome di assenza di peso. I veicoli spaziali hanno punti d'appoggio e cinghie per mantenere gli astronauti in posizione mentre lavorano o mangiano. Tutto ciò che usano – taccuini, strumenti, posate, articoli da toilette – deve essere fissato o volerebbe via.

▼ Gli astronauti consumano pasti preconfezionati, legati a un tavolo. Usano cucchiai per mangiare il cibo morbido.

337 Tutto il cibo presente a bordo della ISS arriva dalla Terra. Molto viene essiccato per risparmiare peso, anche le bevande. Non c'è un frigorifero, quindi il cibo è sigillato in pacchetti o lattine per evitare che vada a male. Gli astronauti aggiungono acqua al pacchetto e lo agitano prima di mangiare. Bevono con una cannuccia da una confezione chiusa perché i liquidi volerebbero via da una tazza aperta.

NON CI CREDO!

Circa la metà degli astronauti soffre di mal di Spazio, un po' come il mal d'auto sulla Terra. Li fa stare male o sentire confusi. Tuttavia, dopo alcuni giorni la sensazione passa, man mano che si abituano all'assenza di peso del volo spaziale.

338 **La ISS non ha una doccia.** Gli astronauti si tengono puliti lavandosi con un panno insaponato. La scorta d'acqua è limitata perché deve essere portata dalla Terra, per questo i capelli vengono lavati con uno shampoo speciale che non richiede risciacquo. Hanno anche un dentifricio commestibile che possono inghiottire dopo essersi lavati i denti, per evitare di doversi sciacquare la bocca e sputare.

339 **Quando gli astronauti dormono devono legarsi per non fluttuare in giro e urtare le cose.** Di solito dormono in sacchi a pelo fissati a una parete. Le cabine nella ISS sono piccole, con spazio appena sufficiente per un astronauta in un sacco a pelo. Alcuni astronauti usano maschere per dormire e tappi per le orecchie per bloccare il rumore e la luce.

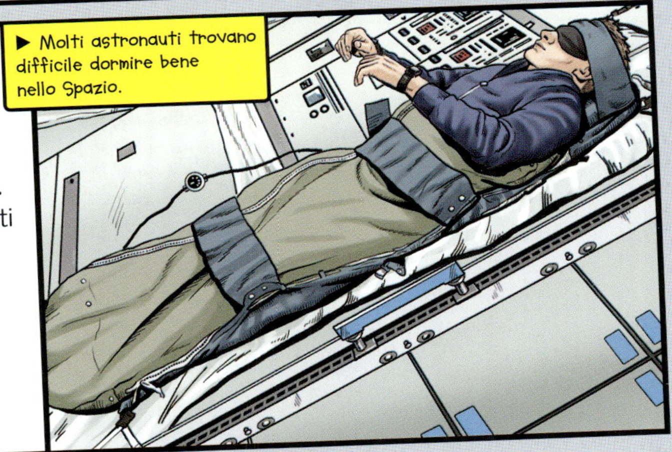

340 **Non si può tirare lo sciacquone nello Spazio!** Al suo posto viene utilizzata l'aria per aspirare i bisogni fisiologici dal corpo degli astronauti. L'urina viene raccolta attraverso un tubo e depurata, poi l'acqua pulita è riutilizzata per bere. Tutta l'acqua sulla ISS è pulita e riciclata. L'aria viene fatta ricircolare, eliminando l'anidride carbonica espirata dagli astronauti e aggiungendo ossigeno fresco.

Stazioni spaziali

341 Gli astronauti vivono e lavorano nelle stazioni spaziali per mesi mentre sono in missione. La prima stazione spaziale a essere lanciata è stata la russa *Saljut 1* nel 1971.

342 Le moderne stazioni sono costruite nello Spazio. La prima a essere costruita con questa tecnica è stata la *Mir*. Ci sono voluti dieci anni, dal 1986 al 1996, per assemblare i suoi sei moduli. La ISS è quattro volte più grande, e ci sono voluti più di 115 voli spaziali e più di dieci anni per costruirla.

▲ Lo space shuttle degli Stati Uniti *Atlantis* ha attraccato alla stazione spaziale *Mir* russa nel luglio 1995.

343 La ISS è lunga più di 100 metri, circa quanto un campo da football americano. Lo spazio occupato dagli astronauti è grande come una casa con cinque camere da letto, due bagni e una palestra. Pesa circa 450.000 kg, quanto 320 automobili. Sei astronauti formano un equipaggio completo. A bordo della ISS è presente un equipaggio dal novembre 2000.

344 **L'elettricità per far funzionare la ISS viene dal Sole.** Otto enormi coppie di pannelli solari, coperti da celle solari, trasformano la luce solare in elettricità. Ogni coppia è lunga circa 35 metri e larga 11,6 metri. Due pannelli si estendono da un capo all'altro per la larghezza di un campo da football americano. Complessivamente producono dai 75 ai 90 kilowatt di potenza necessari per mantenere in funzione la ISS. I pannelli ruotano per esporsi al Sole, in modo da produrre più elettricità.

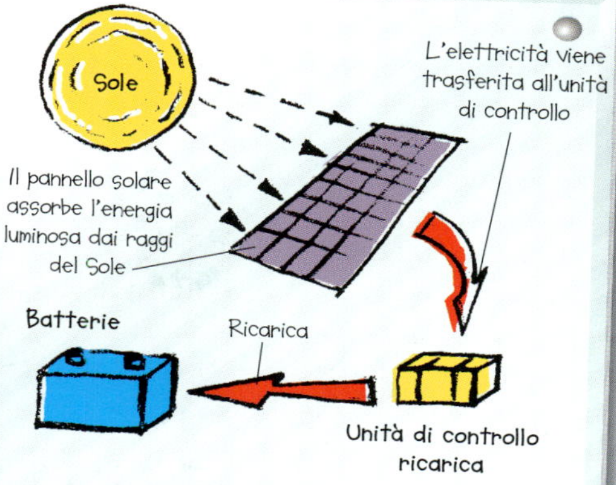

▲ Le batterie forniscono energia quando la ISS si trova nell'ombra della Terra.

345 **La struttura di base della ISS è un lungo reticolo che tiene insieme le parti.** A essa sono fissati i moduli dove gli astronauti vivono e lavorano, collegati tra loro da nodi. Vi sono inoltre porte d'attracco che consentono ai veicoli spaziali in visita di agganciarsi. Qui è anche dove vengono scaricati i rifornimenti e dove entrano gli astronauti.

◀ Il primo modulo della ISS è stato lanciato nel 1998. Da allora vi hanno soggiornato astronauti provenienti da 14 paesi diversi.

346 **La ISS orbita intorno alla Terra ogni 90 minuti.** Spesso può essere vista in un cielo limpido poco prima dell'alba o subito dopo il tramonto. Sembra una stella luminosa che si muove lentamente nel cielo. Il sito web spotthestation.nasa.gov/sightings ti dirà dove e quando vederla. Inserisci il tuo paese e la tua città per trovare date, orari, in quale direzione e a che altezza guardare nel cielo.

Turisti spaziali

347 **Alcune persone molto ricche hanno acquistato un** viaggio nello Spazio. Il primo turista spaziale è stato un americano di nome Dennis Tito, che ha raggiunto la Stazione Spaziale Internazionale all'interno di un veicolo Soyuz nel 2001. Il suo viaggio è durato 8 giorni ed è costato 20 milioni di dollari.

▲ Il cosmonauta Talğat Musabaev (a destra) aiuta Dennis Tito ad abituarsi all'assenza di peso durante il viaggio verso la ISS.

348 **Diverse aziende private stanno ora costruendo** aerei spaziali per portare persone nello Spazio in voli di breve durata. *SpaceShipTwo* è uno spazioplano attualmente in fase di test. Non andrà in orbita, ma condurrà sei passeggeri nello Spazio per un breve periodo prima di riportarli sulla Terra.

▼ Lo *SpaceShipTwo* viene lanciato da un aereo speciale chiamato *White Knight Two* che lo porta a un'altezza di 15 km sopra la Terra.

▼ Il costo di un soggiorno in un futuro hotel spaziale sarebbe enorme: milioni di dollari.

349 **In futuro, in orbita potrebbero essere costruiti** degli hotel spaziali. Sarebbero simili a una stazione spaziale, ma destinata ai turisti in visita invece che agli astronauti al lavoro. Una società chiamata Bigelow Aerospace ha già lanciato veicoli spaziali gonfiabili che potrebbero formare dei veri e propri hotel, benché non ancora destinati alle persone.

▼ Una stazione spaziale del film di fantascienza *Elysium* (TriStar Pictures, 2013).

350 **Altre aziende hanno proposto di offrire voli spaziali privati per** atterrare sulla Luna, ma un viaggio costerebbe miliardi di dollari. Un'opzione più economica sarebbe quella di volare compiendo un enorme anello intorno alla Luna e tornare sulla Terra senza atterrare. I passeggeri otterrebbero una vista ravvicinata della superficie lunare e vedrebbero il lato lontano non osservabile dalla Terra.

NON CI CREDO!

Un turista spaziale ha acquistato due viaggi sulla ISS. Nel 2007 Charles Simonyi ha trascorso 15 giorni nello Spazio, e l'esperienza gli è piaciuta così tanto che nel 2009 ha acquistato un secondo soggiorno di altri 14 giorni.

Esplorare la Luna

351 **Solo dodici persone hanno messo piede sulla Luna, ed è successo più di 40 anni fa.** Sei missioni Apollo hanno fatto atterrare degli astronauti sulla Luna nel corso di tre anni. La prima fu l'*Apollo 11* nel luglio 1969 e l'ultima l'*Apollo 17* nel dicembre 1972.

352 **Tutte le missioni Apollo hanno previsto la raccolta di campioni di roccia** lunare. In totale, sono stati riportati sulla Terra 382 kg di roccia per essere studiati dagli scienziati. Gli astronauti non potevano piegarsi facilmente nelle loro tute spaziali, quindi usavano pinze, rastrelli o palette per raccogliere la roccia lunare. Hanno anche perforato la superficie per raccogliere rocce dal sottosuolo.

▶ Buzz Aldrin predispone gli esperimenti vicino al modulo lunare durante la missione *Apollo 11*.

353 **Sulla Luna gli astronauti dovevano indossare** tute spaziali molto ingombranti per proteggersi. Sulla Terra le tute risultavano molto pesanti, pesavano 82 kg, come portare in giro un'altra persona. Ma sulla Luna la forza di gravità è molto più bassa, e così pesavano solo 14 kg.

354 **Quando i primi astronauti hanno fatto ritorno sulla Terra dalla** Luna sono dovuti rimanere in quarantena. Non hanno avuto contatti con il mondo esterno per tre settimane, nel caso in cui avessero portato con sé qualche germe pericoloso in grado di fare ammalare le persone sulla Terra.

355 **Ogni missione Apollo ha lasciato degli attrezzi sulla Luna.** Tra questi c'era uno specchio, usato per far rimbalzare un raggio di luce laser verso la Terra in modo da misurare accuratamente la distanza. Altri rilevavano le scosse lunari e monitoravano le radiazioni. Tutte le informazioni venivano rimandate sulla Terra sotto forma di segnali radio. Alcuni di questi dispositivi sono tutt'ora in funzione.

QUANTO PESERESTI SULLA LUNA?

Cosa ti serve

una bilancia pesapersone

Pesati sulla bilancia e prendi nota del tuo peso. Dividi per sei. Ecco quanto peseresti sulla Luna. Trova qualcosa che abbia lo stesso peso quando la metti sulla bilancia: sulla Luna saresti così leggero.

Satelliti al lavoro

356 Oltre alla ISS, centinaia di satelliti orbitano costantemente intorno alla Terra. Molti seguono la cosiddetta orbita geostazionaria, 35.786 km sopra la Terra. Questi satelliti orbitano alla stessa velocità con cui ruota la Terra. Questo significa che rimangono sopra lo stesso punto sulla Terra, quindi le antenne a terra non devono spostarsi per catturare i loro segnali.

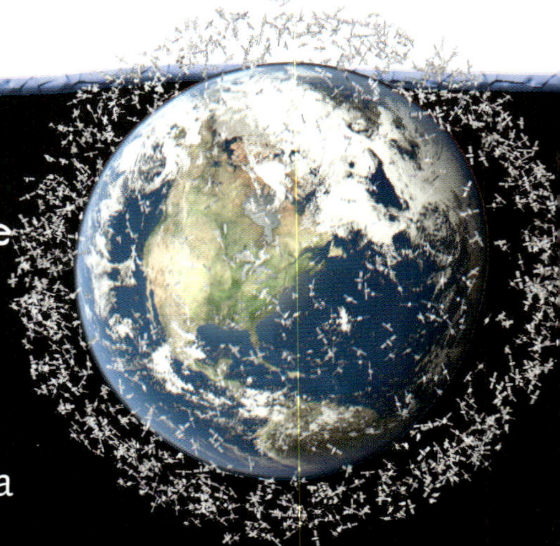

▲ Più di mezzo milione di rifiuti spaziali orbitano intorno alla Terra, rendendo il viaggio nello Spazio ancora più pericoloso.

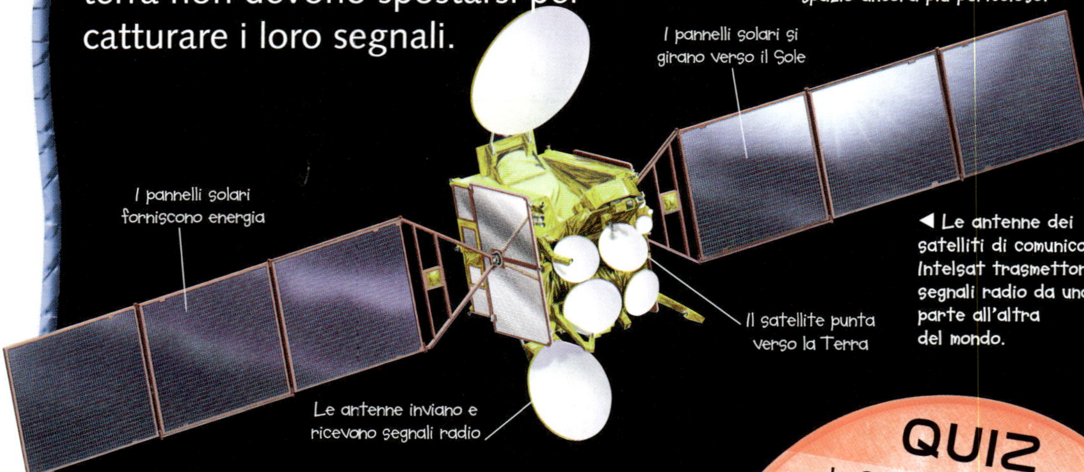

◀ Le antenne dei satelliti di comunicazione Intelsat trasmettono segnali radio da una parte all'altra del mondo.

357 I satelliti per le comunicazioni inviano segnali radio che trasportano conversazioni telefoniche e programmi TV in tutto il mondo. Le immagini di notizie ed eventi da paesi lontani viaggiano fino a un satellite nello Spazio e poi di nuovo sulla Terra fino alla tua TV. I satelliti ci permettono anche di parlare al telefono con persone lontane migliaia di km.

QUIZ

1. Che tipo di segnali inviano i satelliti per le comunicazioni?
2. Quanto si trova in alto sopra la Terra l'orbita geostazionaria?
3. Quale tipo di satellite osserva i movimenti delle nuvole e misura le temperature?

Risposte
1. Segnali radio
2. 35.786 km
3. Un satellite meteorologico

358

I satelliti di navigazione possono dirti dove sei, a che velocità ti stai muovendo e indirizzarti verso la tua destinazione. Il Global Positioning System (GPS) ha circa 30 satelliti che orbitano intorno alla Terra. Le apparecchiature di navigazione satellitare captano i segnali di diversi satelliti e utilizzano le informazioni per calcolare la tua posizione e la tua velocità.

► Ogni satellite di navigazione Navstar gira intorno alla Terra due volte al giorno, in modo che i segnali di almeno quattro satelliti siano disponibili ovunque sulla Terra.

359

Alcuni satelliti aiutano i meteorologi a prevedere il clima. Analizzano l'atmosfera terrestre, osservando i movimenti delle nuvole e misurando la temperatura della terra e del mare. Le informazioni vengono inviate a enormi computer, che le usano per elaborare le previsioni del tempo.

▼Il Solar and Heliospheric Observatory (SOHO) orbita tra la Terra e il Sole per prevedere le tempeste solari.

360

I satelliti rivolti in basso dallo Spazio possono individuare l'inquinamento sulla Terra. Possono anche rintracciare animali selvatici e iceberg, e individuare incendi nelle foreste. I satelliti astronomici scrutano lo Spazio per scoprire pianeti intorno a stelle lontane e scoprire com'era l'Universo miliardi di anni fa. Alcuni osservano il Sole in cerca di tempeste che potrebbero inviare pericolose esplosioni di radiazioni verso la Terra.

Viaggi spaziali a lunga distanza

361 **Un viaggio nello Spazio deve essere pianificato con** molta attenzione. Tutto nello Spazio si muove molto velocemente, quindi quando si lancia un veicolo spaziale è necessario decidere in quale direzione mandarlo per essere sicuri che non manchi il suo obiettivo.

▲ La *Voyager 2* ha catturato immagini ravvicinate di Nettuno durante il suo passaggio nel 1989.

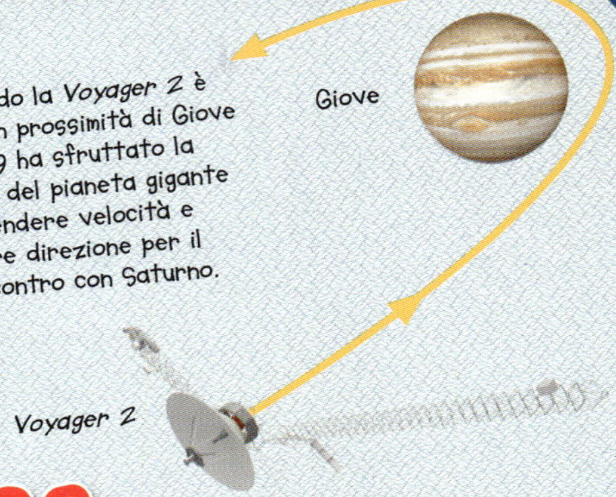

▶ Quando la *Voyager 2* è giunta in prossimità di Giove nel 1979 ha sfruttato la gravità del pianeta gigante per prendere velocità e cambiare direzione per il suo incontro con Saturno.

362 **I veicoli spaziali possono risparmiare combustibile durante un** viaggio ruotando intorno a un pianeta per guadagnare velocità. Questa operazione è chiamata fionda gravitazionale, perché sfrutta la gravità del pianeta per darsi slancio sulla propria rotta. La sonda spaziale *Voyager 2* ha sorvolato Giove, Saturno, Urano e Nettuno per acquisire più velocità e superare il Sistema solare.

NON CI CREDO!

Lanciata nel 1977, la sonda spaziale *Voyager 1* ha raggiunto i confini del Sistema solare, a circa 19 miliardi di km di distanza. Sta ancora inviando informazioni, ma i suoi segnali impiegano più di 16 ore per raggiungere la Terra.

◀ Il veicolo spaziale *SMART-1* ha usato motori a ioni nel suo volo verso la Luna nel 2003.

363 I motori a ioni possono fornire velocità extra per le grandi distanze nello Spazio. Usano magneti per espellere un flusso di minuscole particelle elettriche dette ioni dal motore e spingere il veicolo spaziale in avanti. Forniscono solo una spinta molto limitata, ma possono continuare ad avanzare, a differenza dei motori a razzo, che invece esauriscono il combustibile.

364 In futuro, per spingere i veicoli spaziali potrebbero essere utilizzate le vele solari. Sono enormi fogli di materiale molto sottile e leggero che vengono spinti dalla luce solare. I veicoli spaziali con vele solari sarebbero lanciati da un razzo, dopodiché la vela si dispiegherebbe. La luce solare fornisce una spinta debole ma costante alla vela, che gradualmente guadagna velocità. Nel 2010 il Giappone ha lanciato il primo veicolo spaziale a vela solare chiamato *IKAROS*.

▼ In futuro, enormi vele solari come questa potrebbero spingere veicoli nello Spazio.

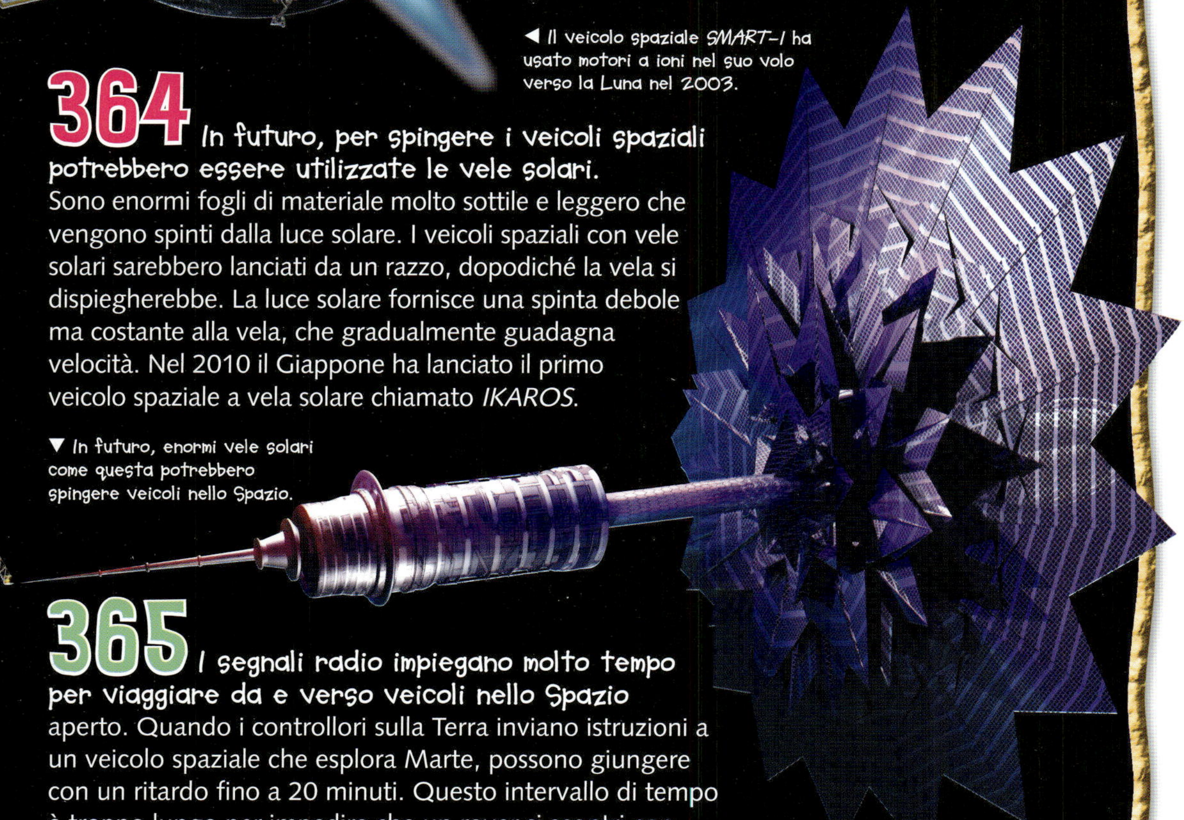

365 I segnali radio impiegano molto tempo per viaggiare da e verso veicoli nello Spazio aperto. Quando i controllori sulla Terra inviano istruzioni a un veicolo spaziale che esplora Marte, possono giungere con un ritardo fino a 20 minuti. Questo intervallo di tempo è troppo lungo per impedire che un rover si scontri con una roccia, quindi molti veicoli spaziali sono programmati per operare senza istruzioni dalla Terra.

Viaggiatori robot

366 **Le sonde sono veicoli senza equipaggio che viaggiano** nello Spazio per esplorare pianeti, lune, asteroidi e comete. Hanno analizzato tutti i pianeti del nostro Sistema solare. Trasportano strumenti e fotocamere per misurare temperature, radiazioni e magnetismo.

NON CI CREDO!

L'aerogel è un materiale estremamente leggero, composto principalmente da spazio vuoto. Nel 2004 lo *Stardust* ha usato l'aerogel per raccogliere particelle di polvere di cometa perché poteva intrappolare le particelle senza danneggiarle.

▼ Dopo un viaggio di sette anni verso Saturno, la sonda *Cassini* ha lanciato una sonda più piccola su Titano, la luna di Saturno.

367 **Alcune sonde sorvolano il loro obiettivo senza fermarsi.** Raccolgono immagini e informazioni, dopodiché si allontanano. Altre vi orbitano intorno. Possono inviare foto dell'intera superficie e osservarne i cambiamenti. Per uno sguardo davvero ravvicinato, alcuni veicoli spaziali atterrano effettivamente sul loro obiettivo. Possono scoprire di cosa è fatta la superficie intorno al sito di atterraggio.

▼ Il rover *Curiosity* si muove molto lentamente, coprendo solo circa 30 metri all'ora.

368 **Il rover *Curiosity* è un veicolo** spaziale robotico che sta esplorando Marte. Si tratta di un rover a sei ruote delle dimensioni di un'auto che si muove lentamente sulla superficie polverosa, sterzando per evitare le rocce di grandi dimensioni. Scatta foto ravvicinate del suolo e delle rocce, che può perforare e analizzare per scoprirne la composizione.

369 **Diverse sonde spaziali sono state inviate per intercettare le comete.** *Giotto* è stata la prima sonda a inviare immagini del nucleo di una cometa, invisibile dalla Terra. Ha fotografato la cometa di Halley nel 1986. La sonda *Stardust* ha raccolto minuscole particelle di polvere dall'enorme coda brillante della cometa Wild 2 nel 2004. È tornata sulla Terra con una capsula contenente i campioni, prima di dare inizio a una nuova missione.

370 **Gli asteroidi (pezzi di roccia che orbitano intorno al Sole** tra Marte e Giove) sono anch'essi un obiettivo per le sonde spaziali. *Hayabusa* è una sonda giapponese atterrata su un piccolo asteroide chiamato Itokawa nel 2005. Ha portato un campione di polvere di asteroide sulla Terra affinché potesse essere analizzato.

► *Giotto* ha raggiunto in volo la coda della cometa di Halley per ottenere immagini ravvicinate del nucleo.

▲ Il nucleo della cometa di Halley era piccolo e molto scuro.

Un salto su Marte?

371 La prossima destinazione più probabile per gli astronauti è Marte. Piani per inviare persone su Marte sono antecedenti al primo sbarco sulla Luna, anche se rappresenta una missione molto pericolosa e costosa. Le persone non potrebbero sopravvivere su Marte senza tute spaziali e avrebbero bisogno di protezione contro le radiazioni e il freddo estremo.

▶ Gli astronauti potrebbero usare un rover per esplorare la superficie rocciosa di Marte e come base in cui vivere.

372 Ci vorrebbero da sei a nove mesi per raggiungere Marte, e altrettanti per il viaggio di ritorno. Una possibilità sarebbe quella di far volare due persone su Marte, ma non per atterrarvi, bensì per girarci intorno e tornare sulla Terra. Il viaggio durerebbe quasi 17 mesi, e l'equipaggio trascorrerebbe tutto quel tempo all'interno del veicolo spaziale. Se gli astronauti atterrassero su Marte, potrebbero rimanere lontani dalla Terra per due anni o più.

QUIZ

1. C'è acqua su Marte?
2. Quanto tempo ci vorrebbe per andare e tornare da Marte?
3. Gli astronauti potrebbero respirare l'aria su Marte?

Risposte
1. Sì, ma è congelata
2. 17 mesi senza soste né atterraggi su Marte
3. No, l'aria su Marte non contiene ossigeno

373 Una missione su Marte dovrebbe prevedere il trasporto di provviste per tutto il viaggio. C'è dell'acqua congelata su Marte che gli astronauti potrebbero usare, ma l'aria lì non contiene ossigeno. Non ci sono nemmeno piante o animali da cui ricavare cibo.

374 Un grosso problema da considerare durante il viaggio nello Spazio e su Marte è rappresentato dalle pericolose radiazioni del Sole. Sulla Terra l'atmosfera e il campo magnetico ci proteggono dalla maggior parte di queste radiazioni. Nello Spazio aperto, gli astronauti dovrebbero fare affidamento sul loro veicolo per la protezione, ma questa non sarebbe completa.

Una tuta spaziale marziana fornisce ossigeno e protezione dalle radiazioni e dal freddo.

Gli astronauti studiano il clima marziano e analizzano il suolo.

375 Anche disporre di combustibile sufficiente per il viaggio di ritorno rappresenta un problema. Al termine della missione, il veicolo necessiterebbe di combustibile per decollare dalla superficie di Marte e ritornare sulla Terra. Gli scienziati ritengono che sarebbe possibile produrre combustibile direttamente su Marte sfruttando l'anidride carbonica presente nell'atmosfera. Se così fosse, basterebbe trasportare il combustibile per il viaggio di andata.

Indice analitico

Le voci in **grassetto** si riferiscono ai contributi principali; le voci in *corsivo* si riferiscono alle illustrazioni.

Referenze fotografiche

Gli Editori sono grati alle seguenti persone e organizzazioni per il permesso di riprodurre le loro opere. Si prega di segnalare le eventuali involontarie omissioni, alle quali si provvederà nelle prossime edizioni.
Legenda: t = sopra, b = sotto, l = sinistra, r = destra, c = centro, bg = sfondo

Illustrazione di copertina Stuart Jackson Carter **Retrocopertina** (l) European Space Agency/D. Ducros, (cl) NASA Images/ESA, and the Hubble Heritage (STScI/AURA)-ESA/Hubble Collaboration, (tr) NASA Images/NASA-JPL, (cr) NASA Images/NASA-HQ-GRIN
Sfondi NASA, ESA, and M. Livio and the Hubble 20th Anniversary Team (STScI)

Alamy 65(tl) Reuters; 107(tr) aberCPC

DepositPhotos 56(br) sergeyussr

Digital Vision 32(bl)

Dreamstime 5(bl) & 60(c) Kramer-1; 68(t) Silverstore

European Space Agency 96(cl) & 111(c) *Mars Express* D. Ducros

Fotolia.com 57(tl) Georgios Kollidas, (r) Konstantin Sutyagin; 60(tc) pdtnc; 60–61(bg) Jenny Solomon; 80(bl) Stephen Coburn, (c) Petar Ishmeriev, (cr) pelvidge, (b) Mats Tooming; 86(bl) Daniel Wagner

Getty 93(r) & 113(tr) & 132–133(c) Roger Ressmeyer/Corbis/VCG; 108–109(bg) Science & Society Picture Library; 109(br) J. R. Eyerman; 112(t) AFP; 120(b) Time Life Pictures; 125(m) Scott Andrews; 147(r) & 153(b) Victor Habbick Visions

iStockphoto.com 13(b) 101cats; 56–57(bg) Duncan Walker; 57(bl) & 58(cr) & 59(br) Steven Wynn; 60(tl) HultonArchive; 61(tc) Duncan Walker

NASA Images 5(tr) Great Images in NASA (NASA-GRIN); 8(tl), (bl), (bc); 9(cl) The Exploratorium; 13(tr), (br) JPL-Caltech; 14(tr) JPL/USGS, (b) JPL; 15(tr), (bl); 16(br) Johns Hopkins University Applied Physics Laboratory/Carnegie Institution of Washington; 18(c) JPL/University of Arizona, (bl), (br); 19(tr) JPL/Space Science Institute, (bl) E. Karkoschka (University of Arizona); 20(tl) ESA, and L. Lamy (Observatory of Paris, CNRS, CNES); 21(cl); 25(tr) ESA/STScI; 26(tr), (bl) ESA, K. Noll (STScI), (br) H. Richer (University of British Columbia); 27(tr) JPL-Caltech/STScI/CXC/SAO, (br) NASA/CXC; 29(tr), (tl) CXC/KIPAC/S.Allen et al; Radio: NRAO/VLA/G.Taylor; Infrared: NASA/ESA/McMaster Univ./W.Harris; (cl) ESA, and the Hubble Heritage (STScI/AURA)-ESA/Hubble Collaboration, (bl) ESA, A. Nota (ESA/STScI) et al, (br) ESA, M. Livio (STScI) and the Hubble Heritage Team (STScI/AURA); 30(bl) ESA, M. Postman (STScI), and the CLASH Team, (cr); 33(l), (m) Dick Clark; 34(tr); 35(b); 37(tr); 39(tr); 42(t); 43(m); 48(bl) Greatest Images in NASA (NASA-HQ-GRIN), (br) NASA Goddard Space Flight Center (NASA-GSFC); 49(tl) NASA Jet Propulsion Laboratory (NASA-JPL); 58 (bl) NASA-JPL; 60(cl) NASA-HQ-GRIN, (bc) NASA-JPL, (br) NASA-JPL; 65(br) NASA-JPL; 70–71(c) NASA-JPL; 71(tr) NASA Marshall Space Flight Center (NASA-MSFC), (bl) NASA-JPL; 75(tl) NASA-JPL, (c) NASA-MSFC; 78(br) NASA-JPL; 79(cr) NASA-JPL, (br) NASA-JPL; 87(br) JPL-Caltech; 91(bl); 92(tl), (cr) JPL-Caltech; 92–93(c); 96(br) NASA-JPL; 98(c) JPL/University of Arizona; 100(c); 101(c), (tr), (tl), (br) NASA-JPL; 102–103(cl) Stereo/NASA; 103(tl) NASA/JPL/Space Science Institute; 104–105(bc), (br); 108(bl) JPL-Caltech/Cornell; 110(bl) Goddard Space Flight Center Scientific Visualization Stud, (tl) *Mariner 4* JPL, (cr) *Mars 3* Russian Space Research Institute (IKI), (cr) *Viking Lander*, (br) *Sojourner* JPL-Caltech; 110–111(bg) JPL/Cornell; 111(tl) *Mars Global Surveyor*, (cr) *Spirit/Opportunity* rover JPL, (tr) *Reconnaissance Orbiter* JPL, (tr) JPL/UA/LOCKHEED MARTIN; 112–113(c), (bg); 113(br); 115(bl); 117(br); 119(cr), (br); 121(tl), (cr) JPL/Space Science Institute; 122–123(c); 124 (bg); 131(tr) Carla Cioffi; 134(tr) NASA-GRIN; 140(c) & 144(bl) NASA-GRIN; 146(t) NASA/Science Photo Library; 148–149(c) NASA-GRIN; 155(tl)

Reuters 87(tr) Kimimasa Mayama

Rex Features 63(cr) Nils Jorgensen; 105(tl) REX/Shutterstock; 136(tl) REX/Everett Collection, (tr); 146(b) REX/Shutterstock; 147(cl) REX/Snap Stills

Science Photo Library 17(c) Mark Garlick; 24–25(c) Mark Garlick; 46–47(c) J-P Metsavainio; 48–49(c) Chris Cook; 52(bl) Royal Astronomical Society; 53(tl) Detlev van Ravenswaay; 54(tr) Eckhard Slawik; 56(bc) Dr Jeremy Burgess; 56–57(t) NYPL/Science Source; 57(cl); 58–59(tc); 60(tr) Richard J. Wainscoat, Peter Arnold inc.; 62–63(tc) J-P Metsavainio; 66(c) David Nunuk; 67(tr) Adam Hart-Davis; 68–69(b) Christian Darkin; 69(tr) Dr Jean Lorre; 72–73(c) Peter Menzel; 73(br) NRAO/AUI/NSF; 75(br) NASA; 76–77(bl) Mark Garlick; 77(tl) NASA/WMAP Science Team, (cr) NASA/ESA/STSCI/R.Williams, HDF-S Team; 80–81(bg) Frank Zullo; 81(tl) Detlev van Ravenswaay, (tr) Tony & Daphne Hallas; 82(r) NASA/Regina Mitchell-Ryall, Tom Farrar; 83(tr) European Space Agency, (cr) European Space Observatory; 84–85(c) European Space Agency, D. Ducros; 89(br) NASA; 95(c) David Ducros; 97(br) David Parker; 105(tr) NASA; 106(c) Detlev van Ravenswaay; 108–109(c) NASA/JPL-CALTECH; 111(b) NASA/JPL-CALTECH; 114(t) SOHO/ESA/NASA; 115(tl) NASA; 116(cl) Chris Butler; 119(t) NASA/JPL; 127(t) David Ducros, ESA; 129(br) NASA; 130(tr); 130–131(c) NASA; 134(c) Alexis Rosenfeld; 135(b) NASA; 141(c) NASA; 150(tr) Roger Harris, (c) David Ducros; 151(t) Friedrich Saurer, (br) Ton Kinsbergen; 152(c) Carlos Clarivan; 153(tl) David A. Hardy, FUTURES: 50 YEARS IN SPACE; 154(c) David Ducros; 155(b) David Parker, (br) EUROPEAN SPACE AGENCY; 156–157(c) Detlev van Ravenswaay

Shutterstock.com 2–3 Denis Tabler; 4–5(t) Karin Wassmer; 5(bg) Sura Nualpradid; 9(bl) Dimec; 12(bl) tororo reaction; 22(c) MarcelClemens; 23(b) Action Sports Photography; 28(c) John A Davis; 49(tr) martiin/fluidworkshop; 50(cl) caesart; 51(c) Voropaev Vasiliy, (br) Gordon Galbraith; 54–55(c) ESB Essentials; 55(cr) Alex Hubenov; 60(tl frame) RDTMOR; 61(l) jordache; 63(bg) Vlue; 67(b) H.Damke; 75(tr) Dmitry Nikolajchuk; 86–87(c) pio3; 88–89(bg) Phase4Studios; 90–91(bg) Sura Nualpradid; 92–93(bg) nicholas belton/iStock/Getty; 96–97(bg) plavusa87; 97(c) jamie cross; 100–101(bg) plavusa87; 102(b) Shawn Hine; 118–119(c) Comet McNaught 2010/Primož Cigler/Shutterstock; 121(c) pall; 124(bl) J. Helgason, (panel, t) Rob Wilson, (panel, c) DenisKlimov, (br) Stephen Rees; 125(cr) caesart, (br) NRT; 127(cr) Shawn Hine; 128(bl), (bg) STILLFX; 129(tr) fluidworkshop; 144–145(m) Andrey Armyagov, (bg) R-studio; 145(t), (bg) Aleksandr Bryliaev; 146–147(bg) Procy; 148(bl) Jozef Sowa; 149(cr) cluckva, (bl) Baloncici; 152(bl); 154(br) nuttakit; 155(br), (bg) Petrov Stanislav; 156(bl) FotograFFF; 157(br) lukeruk

Topfoto.co.uk 141(t) United Archives

Tutte le altre fotografie sono di: DigitalSTOCK, digitalvision, John Foxx, PhotoAlto, PhotoDisc, PhotoEssentials, PhotoPro, Stockbyte

Tutte le grafiche provengono dalla Miles Kelly Artwork Bank

È stato compiuto ogni sforzo per riconoscere la fonte e il detentore del copyright di ciascuna immagine.
Miles Kelly Publishing si scusa per qualsiasi errore o omissione involontaria.